最高效益的
時間管理

用目標管理時間，打造爆發性成長的一年！

TIME MANAGEMENT

百萬粉絲自媒體經營者
粥左羅 ——著

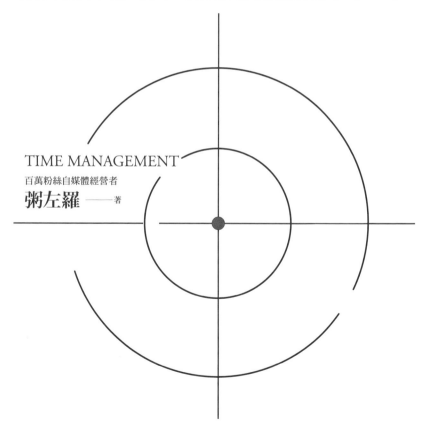

我們都是時間的「未完成作品」

「我的人生還有更多的可能嗎？」你是否在過去人生中的很多個夜晚，躺在床上思考過這個問題。其實，思考這個問題的你並不孤單，因爲很多人都跟你一樣有過類似的疑問。

有人說：我都二十五歲了、我都三十五歲了、我都四十歲了……我的人生還有其他可能嗎？針對這個問題，我的回答是：一定有！我們才二十多歲、三十多歲、四十多歲……我們的餘生很長，爲什麼現在就將自己定型？我們都是時間的「未完成作品」，還有好幾十年的「未完待續」。而要扭轉人生或許只需一年，何況我們還有好幾十年。

這本關於時間管理的書，核心不在於教你如何在二十四小時內做更多的事情，如何睡得更少、工作更多，如何更高效、更緊湊地做事，而在於教你如何透過時間管理達成目標、把事做成，並透過連續地成事，最終改變現狀、扭轉人生，讓人生擁有更多的可能。如果你沒有這樣的意願，或許你並不需要這本書；如果你有這樣的意願，那麼這本書將爲你帶來特別的驚喜。

先來講講我的故事。

我是「早睡早起困難戶」；我的「flag」經常倒地不起；我每天都做計畫，但每天都完不成；我每年都列願望清單，可有一半實現不了；在讀書上我經常一本還沒讀完，又開始讀下一本；我是「拖延症晚期患者」，喜歡把事情拖到不得不做時才做；我「看」短影片和「逛」購物網站時經常停不下來……。

你可能會疑惑：這樣的時間管理失敗者，也能教人時間管理？

的確，在以上羅列的事情上，我並沒有把時間管理好，但我認爲**真正的時間管理，是在規定的時間內做出實打實的成績，讓改變真正發生，實現真正重要的目標**。我認識很多把時間管理得很好，生活作息也很規律的人，他們中的很多人並沒有把對時間的管理能力運用到成事上。而我這種在時間管理上看起來一塌糊塗的人，之所以有機會透過一段一段的經歷不斷讓自己的人生實現更多的可能，是因爲我在眞正值得關注的核心問題上絕不含糊。

從高一時在班裡排名倒數，到高考時全校文科第一、考上重點大學，我花了三年時間，從山東的農村來到北京，我完成了一場人生的扭轉。

從月薪五千人民幣的編輯，到月薪兩萬人民幣的新媒體營運經理，再到年薪五十萬人民幣的內容副總裁，我只用了一年半的時間（編按：換算爲臺幣，約從月薪兩萬二成長到月薪九萬元，再成長到年薪兩百萬元）。

從租住在北京五環外三坪的地下室，到靠自己在北京三環內買下三十多坪的房子，我只用了五年時間。

二〇一八年，我辭職開始做公眾號（編按：微信商業帳號，類似Facebook的粉絲專頁），即使整個行業都在「唱衰」，我還是收穫了近一百萬粉絲。

從二〇一七年起，我每年至少完成一門課程的寫作，已經堅持了五年。從二〇一九年起，我決定寫一系列關於個人成長的書，一年寫一本，已經出版了三本。

以上都是人生大事，我能在這些人生大事上「成事」，其中原因值得關注。

高考英語口語考試的前一天晚上，宿舍裡很多同學在聊天，我一言不發，早早入睡。第二天很早我就起床了，出門找到一個安靜的角落，把準備好的作文範文、閱讀理解題拿出來複習，讓自己沉浸在英語考試的狀態裡，最終考出了滿意的英語成績。

從山東的農村來到北京上大學，四年裡我一直很自卑，畢業後更對未來感到迷惘。我擺過地攤，做過服務生。有一天，我得到一個新媒體編輯的面試機會。爲了完成筆試作業，我把自己關在家裡三天，做了一份八十八頁的ＰＰＴ，最終被錄用。

二〇一八年春節，我決定辭職做公眾號。春節假期，我每天待在家裡，拿著一個本子構思自己公眾號的名字、定位、內容方向等，思考如何儲備選題、制定「漲粉」策略等，除了吃飯、睡覺，我都在想這件事。假期結束了，我也完全想好了，然後正式辭職，幾天後就透過我的公眾號發布了第一篇文章，從此開始了創業之路。

是的，我不能早睡早起，我有「拖延症」，愛「滑」手機……這些都符合人性。但是如果有了想做成的目標，受到了激勵，收到了正回饋，看到了希望，我就會拚命努力，這同樣符合人性，兩者並不矛盾。接受這兩種狀態，並且在可控的情況下實現兩種狀態之間的平衡，可能才是正確的成事做法——畢竟我們都不是苦行僧。

不以目標為前提的時間管理，都是無用功。

如果每天強迫自己早睡早起，卻毫無目標，不如多睡會兒。

如果每天高效工作，但工作並沒有創造收益，或者你不知道自己工作的績效考核標準是什麼，不如先停下來，想清楚這些再繼續。

如果你每天讀書兩小時，一年讀完了五十本書，但只是盲目地讀，而且不知道如何運用書上的資訊，只是爲了讀而讀，或者只是爲了炫耀而讀，不如少讀、精讀一些適合自己的好書。

眞正的時間管理，不能只追求井井有條、規律平衡的美感，而是要把事做成，要抓住機會，爲人生創造更多的可能。做好時間管理，要遵循抓大放小的原則，先確定戰略，再決定戰術。所謂確定戰略，就是找到目標，確定你想做成的事；而決定戰術就是找到達成目標的方法。

基於此，我花了一年時間研究出了一套時間管理方法，並依此寫成這本書。在寫這本書時，我對自己提出以下要求。

第一，不提那些在網上廣爲流傳，看起來很有效，但實際上大多數人都做不到的建議，而是誠實面對人性、面對現實，告訴你一些可以實際操作的建議。

第二，不教你我本人都做不到的事情。簡而言之，我不提倡你做苦行僧。

第三，不講連我自己都不信的知識，這是我的原則。分享知識時毫無保留，從不藏著掖著，這也是我的原則。

「**只有真的改變，才能真的改變。**」這聽起來像一句廢話，卻是我一直用來提醒自己的座右銘。我們的人生確實還有好幾十年，也確實還有很多的可能，但前提是，你眞的在刻意做出改變。否則，三五年後的你跟今天無異，其他的可能更無從談起。久而久之，你這一生或許眞的就定型了。

時間會自動流逝，但改變從不會自然發生，讓一切改變，從今天開始。

目錄

CONTENTS

第3章　時間押注：能否成事的關鍵

第4章　時間要義：釐清重點，拒絕瞎忙

第5章　計畫執行：堅決實踐，過可控人生

第6章　省時高效：做好時間分配，提高時間效能

第 1 章

成事有道

達成目標的時間管理

TIME MANAGEMENT

第一節

成事目標

沒有目標的人，不用學時間管理

請你先問自己以下幾個問題。

我在工作、事業方面，有沒有想實現的目標？

我在生活健康、學習成長方面，有沒有想實現的目標？

我在婚姻經營、家庭經營方面，有沒有想實現的目標？

如果以上問題，你的答案都是「沒有」，那你就沒有必要學時間管理。沒有目標的人，大都在利用慣性推進自己的人生：今天這樣做，明天也這樣做，後天還是這樣做……每天重複一樣的工作、生活，當然不用學時間管理。

只有有目標的人，才需要學時間管理。

為什麼需要時間管理？

什麼是時間管理？從字面意思看，時間管理就是對時間的分配和利用。在社交媒體上，有些人會說時間是不能被管理的，這明顯是錯誤的。一年有三百六十五天，每天有二十四小時，選擇怎麼分配和利用這二十四小時，本身就是在管理它。每天下班後有一些閒置時間，我們選擇用這些時間做什麼，也是在管理它。

其實，那些所謂時間不能被管理的原因，恰恰是時間應該被管理的原因。他們說「時間是不能被管理的」，給出的理由是：每個人的時間都是有限的，一天只有二十四小時，一年只有三百六十五天，怎麼管理時間也不會變得更多。而我們說恰恰就是因爲時間極其有限，我們才需要更好地管理它，更合理地分配和利用它。如果時間是無限多的，自然就不需要費心去管理了。

好的時間管理一定是跟目標直接掛鉤的

假設你沒有具體的目標，只是每天規律地生活或工作，例如每天晚上十一點睡覺，早上七點起床，每個週末去釣釣魚，你可能會覺得自己在做時間管理，但其實這樣的時間管理意義不大。

好的時間管理應該是：在時間有限的情況下，透過合理分配和有效利用時間，實現一系列預期目標，也就是我強調的「成事」。如果脫離了目標，時間管理就失去了意義，只會流於形式。只有朝著實現一系列預期目標去管理時間，才是眞正有價值的時間管理。

高中時的一些事讓我印象特別深刻。有的同學每天都把自己的時間安排得很滿：早上起得很早去教室晨讀；中午捨不得睡午覺，用午休時間背書或做題；下午繼續埋頭學習；晚自習做一套又一套的試卷。老師安排的每一套試卷他都會做完；老師每天要求背誦的幾篇課文他也都會背完……但是最終他的高考成績卻不盡如人意。

爲什麼？因爲根據別人的要求來管理時間，不一定安排妥當，也不一定眞正適合自己。如果不知道自己每天爲何努力，就不知道哪門功課應該花更多時間，哪門功課可以不用花那麼多時間；就不知道每天應該用多少時間「死磕」錯題，把它研究明白，保證自己不再犯相同的錯誤。

這些同學雖然每天都在做試卷，但從來都沒有把錯題眞正搞懂，只是根據老師的安排，不停地做一套又一套的試卷，遇到那些曾經做錯的題目仍然會犯錯。這就不是眞正做好了時間管理，因爲他們沒有實現目標。

不做時間管理，注定實現不了目標

看完這句話，估計有人會站出來反駁：「我覺得自己沒做時間管理，很多事情也沒有耽誤進度，也都很好地完成了。」

那麼，爲什麼在很多事情上我們不做時間管理，也能夠實現目標？這裡包含以下兩種情況。

一、事情比較簡單，我們不知不覺就完成了時間管理

如果你是一間公司的老闆，或者處於一些重要的關鍵位置上，你不可能不做時間管

理。其實，許多人每天需要做的事都比較簡單，所以我們平時不需要刻意做時間管理也能正常生活，本質上是因爲我們在這個過程中不知不覺就完成了時間管理。

比如，你打算今天下班後去剪頭髮，那你只要把這件事記在腦子裡，就自動完成了一次時間管理。你知道自己六點三十分下班，理髮店晚上十點關門，於是你只需要在六點三十分到九點三十分之間去理髮店就可以。再比如你週末想跟朋友聚餐，約好中午十二點在某商場見面。對於這樣的事情，你也不用刻意做時間管理，早上十點起床收拾一下，十一點出發，按時到達目的地即可。

工作上也是，許多人每天做的執行性工作比較簡單，時間管理通常會在做的過程中自動完成。這些都是出於本能的時間管理，因爲這些事情比較簡單，不需要花費多餘的時間來思考。

二、很多事情，從小到大都有人幫我們做時間管理

小時候是爸媽在幫我們做時間管理，他們會管理我們的生活。

上學後是學校和老師在幫我們做時間管理：幾點上學，幾點放學，幾點到幾點上數學課，幾點到幾點上中文課；這週應該完成什麼作業，暑假應該完成什麼作業；什麼時候期

中考試，怎麼複習才能在期末考試中考好；高一、高二到高三，整整三年應該怎麼學習才能考上好大學……這些學校和老師都會安排好，不用我們自己安排。

工作後也一樣，大部分事情都是公司、老闆、主管及其他同事在幫我們做時間管理。週一到週五應該完成什麼工作，週三應該提交什麼報告等，都被安排好了。

小時候是爸媽幫我們管理時間，上學後是學校和老師幫我們管理時間，工作後是公司、老闆、主管和同事幫我們管理時間。許多人都是這樣的。

仔細回想，上高中的時候，其實是我們時間管理做得最好的時候。在這段時間裡，老師、學校和整個考試制度，都在幫助我們把時間管理得更好，讓我們的人生更有目標感，所以在高中我們每天都過得很充實。

那麼，從什麼時候開始，我們的時間管理水準變低了？答案是上大學後。大學的管理較高中而言會更加寬鬆，我們突然從高中那種事事都有人管的狀態，變成了自我管理的狀態。在各種因素的加持下，我們的時間管理很容易就處於一種失控的狀態。

等到大學畢業後，這種失控的狀態可能會表現得更加明顯。比如，除了能按時上下班、在規定時間內完成公司安排的工作外，在剩下的時間——下班後、週末和節假日，我們的時間管理通常都是失控的。

我們可能經常會想：「我一定要好好利用週末的時間，學一門課程、看一本書、培養一個愛好……」結果一到週末就躺在床上玩手機、追劇，或者出去逛街，一不小心大半天就過去了，自己也提不起一點兒興致學習。到了晚上我們可能就會想：「反正這大半天都浪費了，也不差這幾個小時。」於是繼續躺在床上玩手機，就這樣，一整天就荒廢了。

從這個角度來看，我們應該明白，前二十多年幾乎都是別人在幫我們管理時間，自己幾乎沒有主動管理過時間，因此時間管理能力差也是正常的。等到上了大學，以及大學畢業後步入社會，就需要自己管理時間。那些自制力更強、更懂得自我規劃、更擅長時間管理的人，步入社會後會慢慢地甩開了大部分人。

基於以上兩種情況，很多人會覺得自己沒有做時間管理，生活和工作也都可以照常運行。那麼，到底哪些事情我們不做時間管理，注定完成不了呢？

第一類，需要自己獨立負責的事情

在這類事情上必須做時間管理，因為你不做沒有人會幫你做，不做時間管理，你就容易做不成事、實現不了目標。比如你不喜歡現在的公司，甚至不喜歡這個行業，早就想換工作，這就是一件需要自己獨立負責的事。而解決這件事的核心，不在於老闆，不在於爸媽，也不在於你的伴侶，而在於你自己。遇到這種事情，大部分人容易一直拖延，想著再等等，以後再解決，就這樣拖了半年、一年，甚至兩年，到最後很容易不了了之，一直沒辦法完成換工作這件事。

再比如身材管理也是一件需要自己獨立負責的事。爸媽通常不會在意我們的身材，我爸媽經常跟我說的是「胖點兒好，胖點兒富態」。這件事是需要自己獨立負責的，而不是由別人負責。

再比如做副業。很多人都想經營副業，這也是一件需要自己獨立負責的事情。老闆不可能催著你做副業，他們通常會覺得你應該全身心放在主業上；爸媽通常也不想讓你做副業，他們會覺得你上班已經夠累了，閒置時間應該多休息；另一半可能也不會特別支持你做副業，對方可能覺得你要是有時間，多陪陪家人更好。解決這件事的核心，也在於你自己。

對於所有需要自己獨立負責的事情，如果不做時間管理，就注定完成不了。

第二類，相對複雜的事情

對於簡單的事情，我們基本都能自動完成時間管理；但是對於複雜的事情，我們很難自動完成時間管理。複雜的事情如果不刻意做時間管理，有很大的機率是做不好的。

比如辦婚禮這件事，大部分不善於做時間管理的人，在婚禮前兩週或前一個月一直在準備，結果到臨近婚禮那兩天，卻發現很多事情都沒準備好，缺東少西：酒沒買、巧克力沒買、訂的西裝也沒到……即便請了婚禮策劃公司，他們也不能幫你把所有事情都安排好，依然有很多事情需要你自己規劃時間去親自處理。而不會做時間管理的人，碰到這種事往往容易焦頭爛額、手忙腳亂。

再比如我大部分做自媒體的朋友，他們寫一篇文章可能用很短的時間，很快就能寫完，但是在寫一門課程或寫一本書時就會拖延。因爲寫文章簡單，而寫書、寫課程文稿都是相對複雜的事情，如果我們做不好時間管理，就沒辦法按照規劃推進，可能過了兩個月，會發現自己連兩章都沒寫完，這樣就很難順利實現目標。

對於這類複雜的事情，我們是沒有辦法自動完成時間管理的。

第三類，時間週期相對較長的事情

比如提升一項能力這類事情很重要，但它又是長週期、不緊急的事情。對於這類事情，如果不做時間管理，我們可能會一直拖延，一直實現不了目標。再比如減肥也是時間週期相對較長的事情，如果我們要減十公斤，可能需要用三四個月的時間。如果不做好時間管理，大概做不成這件事。

為什麼以上三類事情需要我們刻意做時間管理？

爲什麼這三類事情不做時間管理，注定完成不了，主要有以下三個原因。

一、每天的時間總是會被塡滿，不管有沒有重要且緊急的事情

如果今天有重要且緊急的事情，那麼我們的時間會被這些事情塡滿；如果沒有，我們今天的時間依然會自動被塡滿。如果你留心觀察一下自己每天的時間都花在哪裡，可能會發現：我們發了很久的呆，蹲了很久的廁所，不知不覺「滑」了一個小時的手機……。

這是時間一個非常顯著的特點：不管做什麼，它都會被自動塡滿。假設我們有一些事情要做，但是沒有定目標，或者定了目標但沒有做時間管理，那我們的時間有很大的機率不會用來做這些事情，因爲時間會自動被其他事情塡滿。

二、每天的時間總是先被簡單的事情填充，而不是先被困難的事情填充

假設今天下午一共有五小時的閒置時間，如果我們沒有主動去管理這五小時，那它就會先被簡單的事情填充。這是受人性的影響：人總是傾向於先做簡單的事情，再做困難的事情。換句話說，如果我們不對一段時間進行管理，那麼它就會自動被一些事情填充，而且它一定不會「主動」被困難、複雜、抽象、長期的事情填充，而是會被簡單或者當下緊急的事情填充。

從另外一個角度去理解時間管理，也可以這麼想：時間是有限的資源，它會被各種事情爭奪使用，順應人性的事情更具有競爭力，更能占據時間。假設我們今天下午有兩小時的閒置時間，如果我們不主動安排這兩小時，那麼它就會被順應人性的事情占據，比如玩手機、發呆等。相比之下，那些複雜、困難的事情，在爭奪時間上是沒有競爭力的。

三、這些事即使不去做，也不影響現在工作和生活的正常推進

最近兩個月不換工作，不會影響我們現在的工作和生活；不馬上經營副業，不會影響我們現在的工作和生活；最近兩個月不減肥，不會影響我們現在的工作和生活；……正是因爲這些事情不去做，也不會影響現在工作和生活的正常推進，所以從人性的角度來講，

我們有很大的機率不會去做。

其實，**時間管理就是先把時間留給目標，再把目標填充進時間**。

把時間留給目標：假設我們定了一個目標，那就要預估它需要多長時間實現，然後規劃在未來的哪個週期裡實現，以及在這個週期裡，爲了實現這個目標，我們每天或每幾天需要花費多少時間。我們要把這些時間留給這個目標。

把目標填充進時間：先把目標拆分成階段性目標，再對應階段性目標設計任務，然後把這些任務分別填充進一週或一天裡。

最終，我們每天都會知道，爲了實現這個目標，今天應該做什麼，明天應該做什麼……這樣按照計畫執行，很大機率就能實現目標。

TIME MANAGEMENT

第二節 成事動機

只有改變，人生才有更多的可能

「只有眞的改變，才能眞的改變。」爲什麼我會強調這句話？因爲這句話關係著成事的動機。大多數人都是日復一日地重複著自己的生活，卻渴望有一個不一樣的未來。這種心態換句話說就是「我不想改變，但希望人生改變」。如果想用這種心態經營出理想的人生，無異於痴人說夢話。

何謂改變？改變就是打破現有的狀態。「只有眞的改變，才能眞的改變。」這裡面的兩個「改變」有不同的含義，前者指一系列的動作改變，後者指最終結果的改變。

人的發展有兩種特徵，一種是連續性，另一種是非連續性。連續性就是維持現有狀態，比如，我們今天在這家公司上班，在沒有其他變化的情況下，那麼明天、後天、大後天、下個月、下個季度、明年，甚至後年，我們有很大機率還是在這家公司上班。再比如，我們現在的寫作水準是六十分，如果不做其他改變，一週後我們的寫作水準應該還是六十分左右，一個月後也是，一年後也是。

爲什麼很多人的工作、生活、能力，經過了兩三年都沒什麼變化？就是連續性這個特徵讓我們維持了現有狀態。而非連續性就是指引入變化，打破現有狀態。不管我們願不願意、主不主動，我們的發展都具有非連續性這個特徵。比如六七歲時，要去上學；大學畢業後，要去工作；結婚後，終止一個人生活的狀態；辭職後，換了更好的工作等。這些改變打破了某種現有的狀態。

面對連續性和非連續性時的三種人

非連續性是人生擁有更多的可能的希望所在。如果沒有它，我可能一生都生活在山東泰山腳下的一個山村裡，可能永遠都沒有機會創業。

那麼連續性不重要嗎？也重要。我們不可能每個月都換一份工作，不可能每天都換一個技能學，也不可能每個月都升職。但是，每一段連續性，都是在爲一次非連續、一場改變做準備。人和人的不同在這裡也得以顯現。面對連續性與非連續性時，有以下三種人。

第一種人：一生中的連續性遠多於非連續性，且都是被動式的

這樣的人不喜歡改變，甚至不喜歡自主掌控人生。他們發展的連續性來自不想改變，他們能不換工作就不換。而爲數不多的非連續性事件也都是被動式的：到了學齡就去讀書，畢業後迫於現實壓力去找工作，公司倒閉了才會換工作，所掌握的技能失效了才會再學習。

第二種人：可以掌控非連續性，但掌控不了連續性

這樣的人總是在主動尋求變化，比如頻繁地換工作，甚至換行業；頻繁地更換興趣，學習不同的技能，用幾個月學這個，又用幾個月學那個，到了第二年又有了新想法。他們總是能買到好書、找到好課、加入新社群，但沒幾樣能持續。

第三種人：主動掌控自己的連續性和非連續性，且不斷用連續性來換一次非連續

第一種人在一家公司待三年，可能是被動地熬了三年；而第三種人在一家公司待三年，通常是主動規劃，並認爲在這裡值得待三年。規劃中他們認爲在這裡待一年不夠，待五年太久，待三年正好完成一場蛻變，然後跳槽。

那麼，你是哪種人呢？不管你是哪種人，希望這本書能夠幫助你成爲第三種人。

任何改變都需要時間，以及相應的規劃和執行

一切都需要時間，花開需要時間，日落需要時間，減肥需要時間，練好吉他需要時間，變得自信需要時間，學會愛需要時間，養育孩子需要時間，完成一場蛻變需要時間，這些也都需要相應的規劃和執行。

很多人有賺一千萬元的野心，卻連按計畫做一週事的耐心都沒有——決定早睡早起，不到一週就放棄了；決定好好讀一本書，三天後就放下了；決定每天去健身房，可能第三天就不去了；決定每天寫作兩小時，可能第二天就有事不寫了。改變之所以困難，是因爲任何改變都不是想變就馬上能變，都需要時間。我成長得最快的時候，都是我最有耐心的時候。我所醞釀的所有改變，都是在時間的「餵養」下才得以實現的。

人的改變可以分爲兩種，一種是革新性改變，另一種是精進性改變。

革新性改變：有種革命後進入新狀態的意味。這種改變往往需要一個關鍵突破、關鍵

決策或重要選擇來催生。它帶來的改變不是漸進式的，而是突變式的。

比如我們決定進入一家新公司，決定創業，決定和交往對象結婚，決定生孩子，決定進入某個新領域，決定開始做一件從未做過的事，決定換一個城市居住等，都是尋求革新性改變的體現。革新性改變往往會帶來新的生機，我們時常需要用它來打破人生的連續性。生活枯燥如常，跑起來就有了風。要實現革新性改變，需要勇氣、需要決策、需要智慧、需要規劃。

精進性改變：是漸進式的。這種改變不是打破現有狀態，而是漸入佳境；不是不同，而是更好，是在連續性中一點點地取得進步。

比如用一年的時間日益精進自己的寫作能力，成爲寫作高手；用一年的時間拚命地讀書、聽課，增強自己的思維和認知能力；用一年的時間全身心投入工作，讓工作有所起色；用一年的時間慢慢地調整作息和飲食，形成健康的生活方式；用一年的時間深耕一個領域，成爲這個領域的專家等。要實現精進性改變，需要耐心、需要等待、需要信念、需要專注。

革新性改變和精進性改變都是我們所需要的，而要實現前者，我們需要不害怕改變；要實現後者，我們需要不害怕等待。

列出你的改變清單

你可能也想為人生創造更多的可能，想開始改變，但對於改變還只有一個模糊的想法。那麼，是時候讓它清晰起來了。列出你的改變清單，越多越好，因為你可以劃掉很多，留下的才是你最想實現的。我無法幫助你列出改變清單，但我可以提供一些思路。

首先，我會問自己：如果我想在一年、兩年或三年後擁有更好的發展，哪些是現在的關鍵限制因素？

這樣問自己的作用在於找到核心改變之處。我們這一生，或者未來五年，有很多需要改變，但一定有一個是當下最需要進行的核心改變。二〇一五年底，我問自己這個問題，得到的答案是，如果不把寫「爆款」作品的能力練好，我很難在這個領域上有所突破。最後我找到了核心改變之處：做出精進性改變，專注、日復一日地增強自己寫「爆款」作品的能力。

二〇一七年底，那時的我已經在這個平臺上完成了一次爆發式成長。我再次問了自己這個問題，得到的答案是，繼續在這家公司上班會使我的發展受限。我找到了核心改變之處：做出革新性改變，辭職創業。

二〇二〇年，我畢業後經過五六年的持續奮鬥，好像把激情消耗光了一樣，頻繁感到缺乏鬥志。作爲一個創業者，我竟然無比討厭到公司上班，對生活也不再那麼有激情，我需要解決這些問題。於是，我買了一輛摩托車，一個人進行了長達兩個月的摩托車旅行，從北京騎到廣西。現在我的激情比以前更多，有更長遠的目標，對生活的感覺也比從前更好。

人生的每個階段都有限制我們發展的關鍵因素，找到它、改變它，我們才能贏得下一階段人生更多的可能。現在，請拿出一張紙，寫出你的關鍵限制因素，可以多寫幾個，最終選出最重要的。

每個人的境況不同：有的人需要鼓起勇氣結束一段不合適的感情；有的人需要離開一家不能讓自己成長的公司；有的人跟錯了老闆，需要重新擇木而棲；有的人在小城市被埋沒了某些才能，需要下定決心去大城市；有的人需要珍惜現在的工作，停止混日子，把工作做到極致；有的人需要提升職位所需技能；有的人需要澈底改正熬夜的壞習慣；有的人需要重新思考這個階段的人生目標是什麼……。

同一個人，在不同的成長階段，寫下的東西也不同，因此我們可以及時調整改變的戰略重心。在之前這五年，我的戰略重心是工作和事業的突破。二〇二〇年，我三十歲了，自己的公司進入了正軌，更需要持續穩定的經營，所以我改變生活習慣，開始早睡早起、堅持健康飲食等，同時在公司經營上，我需要招聘和培養人才。而在十二年前，我的戰略重心是考上大學，來到北京。希望大家都能夠在自己人生的每個階段，找到相對應的關鍵限制因素，努力去改變它，這樣你的人生將會發生很大的改變。

其次，我還會繼續問自己：在人生的每個階段，哪些輔助改變可以很好地配合核心改變？

輔助改變，不是解決問題的核心，而是配合，這也很重要。比如，在上面提到的我需要專注地、日復一日地增強寫「爆款」作品能力的一年中，我需要減少社交時間，減少愛好時間，減少玩樂時間。而現在的我，反而需要增加社交時間，有價值的社交可以幫助我把公司經營得更好；我需要增加愛好時間，這在一定程度上也是我奮鬥的意義；我也會適當增加玩樂時間，以調劑生活。

再次，分清哪些改變可以同時進行，哪些不可以

比如，我可以下定決心換一座城市生活、換一個行業、找一份新的工作，這三個都是革新性改變，並且在一個階段中可以同時進行。再比如，我可以用一年時間提升寫作能力、養成早睡早起的習慣。這兩個都是精進性改變，一個是對核心大段時間的使用，一個是對時間劃分的改變，二者可以同時進行。又比如，我可以養成早睡早起的習慣、健康飲食的習慣、保持好身材，這三個改變可以同時進行，因爲它們都不太涉及核心大段時間的使用，並且三者可以相互促進。

但是，如果我想在工作之餘練好吉他、學好寫作、練出好身材，就很難同時進行，因爲三者都屬於精進性改變，都需要使用同一段時間——下班後的幾小時。如果眞的想達到這三個目標，就需要分階段進行，一個階段只專注一個目標。

最後，以上問題全都理清之後，再梳理一遍

我們要知道什麼是核心改變，什麼是輔助改變，也要知道哪些改變可以一起進行，哪些不能。很關鍵的是，還要知道每個改變大概需要的時間週期，核算出來後，最好再多預留二十%～五十%的時間，因爲我們總是低估一場改變所需要的時間。前面講過，任何改變都需要時間。

試著列出一份改變清單，這樣你就眞正邁出了改變的第一步。

TIME MANAGEMENT

第三節 成事智慧

均衡的人生，應該有五個層面的目標

我把人這一輩子最重要的事情劃分成了五大類，稱之爲幸福人生的五大支柱：工作事業、婚姻家庭、個人財富、生活健康、學習成長。如果你想規劃自己未來的目標，做相應的時間管理，就可以從這五個方面考慮。

比如在工作事業方面，要達到什麼樣的水準，希望晉升到什麼位置，希望拿到多少薪水等；在婚姻家庭方面，想要什麼時候結婚；在個人財富方面，準備在二十五歲時有多少存款，準備什麼時候買房子，賺來的錢要不要做投資等；在生活健康方面，飲食是否健康，每天是否有充足的休息時間，是否需要做身材管理，興趣愛好怎麼發展等；在學習成長方面，是否準備繼續深造，計畫一年讀幾本書，希望在哪方面提升專業能力等。這些都是可以制定目標並做好時間管理的。

當然，這五個層面還可以細分爲多個小目標，並且從時間管理的層面來看，我們可以同時在這五個層面上實現不同的目標，擁有均衡發展的人生。

一個均衡發展的幸福人生

我觀察了大部分人的人生經營情況，發現一個問題：如果不刻意地同時在工作事業、婚姻家庭、個人財富、生活健康和學習成長這五個層面上制定目標，做好時間管理去實現這些目標，很可能會出現目標「偏科」的情況。

有些人可能一心撲在工作事業上，忽略了婚姻家庭。有些人則是在個人財富上花費了很多時間，整個人的時間分配都以賺錢爲中心，卻忽略了自己的生活健康或婚姻家庭。還有些人每天都在忙碌中度過，卻忽略了學習成長。

隨著年齡的增長，我越發理解了均衡發展的幸福人生，對於一個人來說有多麼重要。我寧願在工作事業上主動減少一些時間投入，也要多留出一些時間陪另一半、陪伴孩子成長。我覺得這是很值的。

人的時間是有限的，如果不刻意追求均衡發展的幸福人生，只是把時間壓在某幾個目標上，就容易「偏科」，而「偏科」的人生大多不會太幸福。尤其是隨著年齡的增長，我們會發現這種「偏科」給人生帶來的損耗是巨大的。

有些人忙到四十歲了，突然發現自己好像從來沒有好好陪過孩子，平時忙得跟孩子見不上面，偶爾早下班一次進門跟孩子打招呼，發現孩子都快不認識自己了。

有些人一心研究怎麼賺錢，等自己賺了一些錢後，在某個瞬間突然覺得，過去這幾十年這麼累，好像並沒有變得更幸福。這就不是均衡發展的幸福人生。

我現在創業，已經不太跟朋友們比誰的公司做得更大，誰的盈利更多。因爲人生是由多個層面組成的，我更希望擁有一個均衡發展的幸福人生。

不同層面的目標，性質不同、耗時不同

這是我們可以同時在這五個層面制定不同目標的一個重要原因。

比如在婚姻家庭方面，我們想在二十八歲結婚、三十歲生小孩。定了這樣的目標後，其實它並不會每天都消耗我們的時間。也就是說，我們不用在接下來的幾年裡，每天都爲

之努力，只需要把時間規劃好，到了什麼時間就做什麼事情就可以了。這是一個提醒、一個座標、一種人生節點，讓你按照規劃好的節奏度過一生。平時，我們該努力工作就努力工作，該學習成長就學習成長，該鍛鍊身體就鍛鍊身體，並不會因爲定了這層面目標就影響其他層面目標的實現。在這五個層面上，很多目標是可以同時進行的。

假設我從今年開始制定每天早睡早起、按時吃早餐的目標，這個目標並不需要花費太多時間，我只需要調整好自己的時間安排。如果我同時還定了要在寫作上達到什麼成就的目標，這樣的目標一旦確定後，我需要每天投入兩三個小時去實現，但它跟我定的每天早睡早起、按時吃早餐這個目標性質不同，兩者並不會發生衝突。

早睡早起這個目標只是讓我調整生理時鐘，我的睡眠總時長是不變的。假設我之前是凌晨兩點睡覺、上午十點起床，每天睡八小時，現在調整成晚上十一點睡覺、早上七點起床，每天還是睡八小時，睡眠總時長並沒有變，所以也不會影響其他目標的實現。同樣，每天按時吃早餐這個目標也並不會特別耽誤時間，吃早餐或不吃早餐，可能就是十分鐘、十五分鐘的差別。

這樣的目標只需要我們做出調整，不需要花費我們更多的時間，我們的時間依然可以投入在如寫作上達成什麼樣的成就這樣的目標上，兩者同時存在也不會產生衝突。我們在很多事情上定目標，不一定會消耗更多時間，反而可能會讓我們更好地管理時間，從而幫助我們擁有一個均衡發展的幸福人生。

人生不同階段的側重點不同

從整體上來說，人生的每一個階段都應該均衡發展，但實際上在人生不同的階段，也應該有不同的側重點。

如果你是剛剛畢業兩三年的年輕人，這個階段是非常重要的工作起步階段，這時候工作事業就應該占據大量時間，你可能需要花費八十％的時間努力把工作做好。在這個階段，你可能還沒有積累多少個人財富，也不需要在這方面太早地規劃，婚姻家庭方面也可以暫時不用多考慮。

到了三十歲，你更需要在生活健康方面多花一點心思。二十二歲的你某一天熬夜，第二天還可以精神飽滿地去打籃球；但當你三十歲時，如果前一天熬夜，第二天可能就會覺得疲乏，因爲身體狀態已經不如從前了。

等有了孩子後，就要規劃更多的時間給婚姻家庭。如果這個階段你還要每天加班到很晚，週六週日還要忙工作，那對整個人生來說，就是一件得不償失的事情。

整體來說，在人生的不同階段要有不同的側重點，要做出一些取捨。

年齡越大，越要做時間管理

首先，年齡越大，意味著獨屬於你的時間越少。你的伴侶需要你，你的孩子需要你，你的父母也需要你……你再也不會回到二十幾歲時「一人吃飽、全家不餓」的狀態了。有孩子的人、父母年齡比較大的人，對此會深有體會。

其次，年齡越大，你的精力和身體會越差。你慢慢地會發現，自己在很多事情上開始力不從心。二十幾歲的時候，你的心力很足，整個人生龍活虎的，不管遇到什麼事情，總有一種往前衝的勁，有一種無畏的精神。但三十五歲後，在工作、生活上遇到困難時，你可能只想躲著，這其實就是心力不足的表現。

人基本上只應該制定短期目標

人生各個層面上的長期目標大多都不太可靠，九十％的人應該只制定短期目標。絕大部分人應該更關注短期目標，而不是長期目標。首先，我們不一定有很好的規劃能力和預知能力；其次，即便有這兩種能力，這個世界也不會完全按照我們的想法運行。所以，在大多數事情上，我們能制定好一兩年、兩三年的目標，就已經很好了。

其實很多時候更重要的是，我們要先制定當下一兩個月的目標。在工作上，有一整年的規劃固然重要，但更重要的是，我們這個月應該實現什麼目標。在學習上也是一樣的道理，我們要想好這個月的目標是什麼，等這個月的目標實現後，再制定下個月的目標。

這種短期目標才是可靠的。長期目標大都不好執行，到最後很容易放棄。制定好短期目標，把短期目標拆分成短期任務，再細化到每天上，這樣對我們來說意義更大，因爲它可以幫助我們眞正做成事。

第 2 章

理解時間

管理過去、現在和未來

TIME MANAGEMENT

第一節

回擊過去

不改變過去的自己，絕不可能扭轉現狀

不管一個人多少歲，人生都劃分成三部分——過去、現在和未來。從更小的時間範圍內來看也是如此，比如今年一共有十二個月，過去了幾個月，現在是幾月，未來還有幾個月。在任何時間週期裡，過去、現在、未來本身都是一個關於連續性的問題，我們只有理解了連續性，才有可能從中製造非連續性。本節我們的重點放在「過去」上。

現狀只不過是過去一連串事件的必然結果

人生是一連串事件：

你的出生地在哪兒？
你的家庭怎樣？
你就讀於哪所小學、初中、高中、大學？
你最好的朋友們是怎樣的人？
你主修什麼？
你畢業後的第一份工作如何呢？
畢業至今，你進入了哪些行業？
你進入過哪些公司，表現得如何？
你和誰結婚了？
你過去有過哪些目標、願望？結果分別如何？

現在，即是過去。從過去來看，人生就是一連串事件。其實，人生中的每個階段都是一連串事件，比如我的二〇一五～二〇一八年。

二〇一五年八月，我全力以赴抓住了成爲一名新媒體編輯的機會，嘗試追熱門話題、寫「爆款」文章，寫了很多流量超過十萬的文章。後來，我晉升爲新媒體營運經理，而我放棄了更好的管理職位，選擇帶一名助理創立新帳號，繼續提升自身寫作和營運新媒體帳號的能力，繼續寫出了很多「爆款」文章，新帳號也獲得了不錯的數據回饋。有了從零到一的經驗，我註冊了個人帳號，寫的兩篇新媒體帳號營運心得被很多同行看到，並被邀請分享營運新媒體帳號的經驗。也因爲我的分享，我獲得了一個與別人合作開設課程的機會。後來，課程的銷量很好，於是對方開出年薪五十萬人民幣的條件邀請我加入。加入一年後，我不僅把課做成了「爆款」，也把公司號做成了該領域的「大號」。我覺得自己營運新媒體帳號、開設課程的創業時機到了。二〇一八年三月，我辭職創業。

讓我們把時間拉回現在，把時間週期縮短到一年：

我們現在在哪裡，是過去一年的選擇所決定的；

我們現在的職位和薪水，是過去一年工作成績的體現；

我們現在的業務水準，是過去一年努力或不努力的結果；

我們現在的技能水準，是過去一年刻意提升或順其自然的結果；

我們現在的認知水準，是過去一年是否努力學習的結果。

我們的現狀，就是過去一年一連串事件的結果。
我們可能看過很多像下面這樣的漂亮句子：

告別過去，迎接未來；
不念過去，不畏將來；
過去的，就讓它過去吧；
你不讓過去過去，未來又怎會到來？

我們總是強調讓過去過去，但過去不會真的過去，它會持續塑造我們。

參加公司年會的時候，通常每個人都會說自己今年的一些目標、成長計畫。一個人過去減肥從來沒成功過，如果他說今年要減十公斤，很大的機率還是不成功；一個人老是遲到，如果他說「我以後絕不遲到了」，大家聽聽就好；一個人履歷上顯示他過去做過三份工作，但沒有一份能做滿一年，他承諾這次一定能做兩年以上，大概也是做不到的；一個人過去習慣拖延，明年有很大機率他還是如此；一個人過去都是按部就班地混日子完成任務，明年大概還是如此……每個人的命運好像被鎖定了一樣，這是不是一件極其恐怖的事？歸根結柢，這是因爲過去的事件雖然都過去了，但由那些事件塑造出來的性格、特質、習慣和行爲模式都會流淌在你的身體裡。這就是所謂的過去不會眞的過去，它會持續塑造你。

只有充分理解過去，才能真正扭轉現狀

面對過去不會眞的過去，我們應該怎麼辦？人是可以改變過去的，只不過不是改變過去的事件，而是改變過去的事件遺留下的問題。不是不念過去，而是直面過去。我們在人生的每個階段，甚至每年，都要復盤過去、分析過去，追問自己核心問題：過去哪些事情我做得不好，導致現在沒達到預期？這個問題看似很普通，但非常值得深思。只有充分理解了過去，才能眞正扭轉現狀。我建議不斷回答這個問題後，列一個歷史遺留問題清單，然後對其中內容按重要性排序，嘗試逐一擊破，只有這樣才能扭轉現狀。下面舉幾個分析過去、追問自己核心問題的例子。

1. 過去三年，我朝三暮四，換了幾個行業、好幾家公司，沒有一個很好的持續性的

積累。我需要解決做事沒定力、沒長性的問題，這是個大問題，不解決就會永遠這樣。

2. 過去兩年，我始終在逃避自己的管理能力存在弱點的問題，導致在帶團隊上一直沒起色，極大地限制了我的職場晉升。我需要直面問題，學習管理課程，同時付諸實踐，用一年時間提升自己。
3. 過去幾年，我在職場上一直有溝通方面的問題，尤其是跟主管、老闆的溝通。我需要儘快開始學習職場溝通、向上溝通等知識，這些問題拖得越久越難解決。
4. 過去幾年，我做什麼都是半途而廢，一遇到困難就習慣性放棄，很難堅持做好一件事。我需要獲得一次長期堅持做好一件事的經驗，只要有過一次典型的成功經驗，我就可能形成路徑記憶，將來就可能習慣堅持做好一件事。
5. 我活到二三十歲，從來沒把一件事做到極致，也從來沒當過第一名。我需要做一次第一。因爲只要有了一次這樣的經歷，可能很快就會有第二次、第三次。平庸是一種習慣，優秀也是一種習慣。

這裡再提醒一點，我們可以從多個層面、多種方向去追問。比如，不僅可以從工作事業上追問，從生活上、感情上都可以追問。

比如，受原生家庭的影響，從前的我「不會愛」，甚至「不會百分之百地確信愛」，跟女朋友在一起四五年後，我修正了這個歷史遺留問題。這個問題，我不說沒人知道，但過去它很讓我困擾，如今這個問題已不再是我的困擾，反而變成了支撐我的力量。

再比如，我人生的前二十年幾乎都生活在農村，高中也是在小鎮上讀的，二十歲我突然來到北京讀大學後，我開始對所有的一切感到懷疑：我的三觀健全嗎？我的精神結構有缺陷嗎？我過去相信的道理、爸媽教給我的認知，都對嗎？

意識到這個問題後，大學四年我瘋狂閱讀了很多經典書籍，看了幾百部經典電影，並存錢去了西藏、青海和雲南旅行。我試圖重塑自己，這讓我四年下來有了很大的變化。這些當然都不容易做到，我需要經歷改變的痛苦。不改變，依靠慣性生活是最舒服的，但也意味著一兩年後，我和今天無異。哪個更讓我無法接受？我認為是後者。

一路走來，我認識了很多優秀的人。有些人時隔一年再見面時，我能看到他身上有了明顯的變化。和改變的痛苦相比，他們更害怕人生依靠慣性推進，害怕不變。扭轉現狀在很大層面上是打破連續性，實現一次非連續改變，這需要我們對過去的歷史遺留問題進行猛烈地回擊。不改變自己的過去，絕不可能扭轉現狀。

TIME MANAGEMENT

第二節

干預現在

你的未來已來，不過不是你想要的樣子

有人會非常期待未來的自己，其實是不用期待的，未來的你跟現在差不多。這句話是不是很「扎心」。更可怕的是，很多二三十歲的年輕人，就陷入了這樣一個成長「死局」，一年、兩年、三年，都沒有變化。爲什麼會出現成長「死局」？前面我們說過，現在，即是過去。所謂現狀，只不過是過去那一連串事件的結果。

現在也同樣如此，現在即是未來。所謂未來，只不過是現在的慣性推進，不改變現在，就沒有未來。最愚蠢的事就是重複每天的生活，沒有改變，卻渴望一個不一樣的未來。每一天都在決定我們的未來，我們卻渾渾噩噩地以爲這只是普通的一天。

現在的「變化小趨勢」，正在塑造未來

現在請停下來，看看自己身上有哪些「變化小趨勢」，正是這些在塑造你的未來。

以我自己爲例，比如二〇二一年，我開始控制體重，每天健康飲食，並且每天晚上睡前和早上起床後量一次體重，同時還記錄在社群媒體上。現在翻看這些記錄，可以看到當時我幾乎每天都在變瘦。

再比如，我很開心地看到自己的作息越來越規律。我從二〇二〇年八月開始早睡早起，並且在社群上打卡記錄，竟然一直堅持到了現在。翻看記錄，我發現自己已逐步實現了不熬夜的目標。我最近欣喜地發現，經過調整，我慢慢可以六點起床，更重要的是，我白天竟然不睏。對我而言，這是巨大的進步。過去十年，我是個極愛熬夜的人，而我竟然改掉了持續十年的習慣。現在我雖然不能百分之百做到十點左右睡覺，但也絕對不會出現凌晨一兩點睡覺的情況，一個月裡偶爾有幾次例外，也是在十二點左右就睡了，大部分時候十一點左右就入睡。

我剛才舉的例子是與生活方式相關的，其他方面也都很重要，比如工作上、能力上、認知上、思維上、性情上……搜集「變化小趨勢」，我們可以多方面地審視自己。

所以，我希望大家做一件事：拿出一張紙，列一個「現在的『變化小趨勢』清單」。別管過去，別想未來，就分析現在的「變化小趨勢」。給自己找一個整塊的時間，比如不加班的晚上、一個週末的下午，多層次、多方面地分析、思考。列出這個清單，我們就找到了開啟理想未來的密碼。

一定要注意，好的「變化小趨勢」很重要，不好的「變化小趨勢」也很重要，要列好清單並及時調整。比如，「我現在變得越來越沒有耐心了」、「我現在越來越愛生氣了」、「我越來越無法靜下心來閱讀或學習了」……。

比如，我從二〇二一年底觀察到自己的一個「變化小趨勢」就是，我的動力由改變命運、賺錢讓家人過上更好的生活，正在逐漸轉變爲培養自己身上的使命感、願景，加強對員工、對社會的責任感等。意識到這點很重要，這會帶領我繼續努力，去實現人生更多的可能。

列出你的清單後，好的「變化小趨勢」繼續加強，進而從中得到越來越多的正向回饋，讓它們在未來開花結果；不好的「變化小趨勢」要扼殺，要進行干預，不要讓它們形成氣候。

請重新確認你未來的樣子

分析干預「現在的『變化小趨勢』清單」，是透過現在塑造未來，下面我要講的是透過未來塑造未來。兩個未來的意思不同，前者是要重新確認想要的未來的樣子，後者是在前者的牽引下最終的未來的樣子。

現在我請大家做第二件事：拿出一張紙，非常正式、嚴肅認眞地重新列一個「我未來的樣子清單」。爲什麼要重新列？因爲想要改變，想要人生擁有更多的可能，想要扭轉現狀。注意，它同樣有很多方面。比如，你一直不在乎形象，不管理身材，所以特別胖，穿衣服也不好看。請問，未來你還想繼續這樣嗎？你有必要重新確認一下，或許現在你就想要一個健康美好的身材，變得自信大方。我經常在人生不同的階段，嘗試去重新確認一下我「未來的樣子」。因爲規劃出來的「未來的樣子」，就是人生航行中的燈塔，我們會奔著它而去。

當然，有了更大的目標，想成爲更好的樣子，就要準備好吃苦。事實上，你吃苦的耐力大不大，忍受力夠不夠強，取決於你對目標的堅定程度。

我看過許知遠對《擲水月在手》的導演陳傳興的採訪。陳傳興年輕時去巴黎求學，一待就是十年。他說的一段話讓我瞭解到，我們以爲的大師並非都天賦異稟，他們同樣經歷痛苦，熬了很長的時間。

在巴黎，我在思想空虛下突然覺得，要在這個有限的時間內非常貪婪，絕對「暴食」，全心全意地在追求學問的道路上一直走。白天我像哪吒一樣，把自己折解掉，把自己的血肉骨頭全折了。晚上再流著眼淚，一塊一塊地接回去，然後拿針線慢慢縫。掉眼淚是眞的，不是假的，因爲我怎麼可能讀得懂雅克．德希達，怎麼讀得懂索緒爾的符號學。頭五年我整天在那裡撞壁，然後才終於找到一條小路。但是一天也還是要花十幾個小時，上課老師不講，就算回到家裡，我還是永遠不停地「啃」。這樣投入進去有個先決條件，我的精神狀態可以支撐我。

陳傳興說的「暴食」，就是精神上、知識上、思想上的「暴食」，就是瘋狂地學習與吸收，對過去自己的知識、認知進行猛烈的回擊。再接回去，慢慢縫，就是重塑認知。

而他說的「有個先決條件，我的精神狀態可以支撐我」，就是說，他在那時候對未來的樣子，有了與從前不一樣的看法，有了足夠的動機、動力讓自己保持激情，一天學習十幾個小時。

所以干預現在最重要的兩點：一是經常停下來，分析干預「現在的『變化小趨勢』」；二是在每個階段，重新確認一下「你未來的樣子」。一個是推力，一個是引力，兩者一起使未來有更大的可能。

第三節

TIME MANAGEMENT

活在未來

弱者活在過去，強者活在未來

時間管理永遠都要管理過去、現在和未來。從整個人生來看，我們管理的是我們過去的、現在的和未來的人生。從一年來看，我們管理的是今年已經過去的幾個月、現在和今年剩下的幾個月。從一天來看，我們管理的是已經過去的幾個小時、現在和二十四小時裡剩下的幾個小時。

從時間流逝的角度來看，我們現在想像的未來，有一天會變成現在，然後又變成過去，而它又不會眞的過去，它加入過去的過去，變成更遠的過去，並繼續影響未來。所以，我的時間管理方法和其他時間管理方法的不同就在於：我以改變爲核心手段，以發展的連續性和非連續性爲指導原則，以過去、現在和未來去管理時間、持續反覆調整，最終使人生擁有更多可能。

弱者更多地活在過去

吳孟達曾接受許知遠的採訪，許知遠問他：「如果有機會再跟周星馳坐下來聊聊天，你會跟他聊什麼？」吳孟達說：「聊聊過去的種種。」吳孟達不是弱者，是非常優秀的演員，但我想從他的回答中引出我的一個看法——從年齡的角度來看，年輕人喜歡聊未來，中年人喜歡聊現在，年齡大的人喜歡聊過去。

爲什麼呢？按人能活八十年算，當我們二十五歲時，未來還有五十五年，人生才剛剛展開，我們當然對未來充滿期待。而如果我們已經六十歲了，未來只剩二十年，而且精力每況愈下，我們自然就失去了對未來的期待。所以年齡大的人喜歡聊過去，過去是他們最大的財富，而未來不是。

本質上，活在過去是每個人都難以避免的事情，因爲過去決定現在。現在是果，我們活在過去種下的因上。而能否活出不一樣的人生，關鍵在於以下三點。

一、如何看待過去？

有的人信奉「過去決定論」，即過去不好未來一定不好。比如，他會說：「我原生家庭不好，我當年只讀了個普通科系，我畢業後的前兩年都荒廢了……這些都決定了我的人生只能這樣，沒有太大的希望了。」

而有的人信奉「過去不決定論」，即你不能用我的過去評判我的未來。他會說：「我原生家庭不好，我就把自己打碎了重建，雖然過程痛苦且漫長，但不是不可能，很多人都做到了，爲什麼我不行？我當年沒考上好科系，沒關係，畢業後長期的自學才是拉開人與人之間距離的關鍵，只要每天堅持學習，持之以恆，我一定會趕上來，甚至超越他人。」

二、如何使用過去？

有的人把過去當作藉口、理由，自我安慰道：「我現在過得不好都是有理由的，不是我現在不努力，都是我的過去。」而有的人把過去當作警示，用來反思、分析，他們從過去找到打開未來的正確方式。

三、多大程度上活在過去？

僅僅是正常程度上認爲「過去影響現在」，這並不可怕，每個人都是如此。可怕的是，很多人還主動沉浸在過去中，不想走出來，陷得越深就越看不到希望。

強者更多地活在未來

二〇一六年，李安在中國宣傳《比利．林恩的中場戰事》（*Billy Lynn's Long Halftime Walk*）時說：「《少年Pi的奇幻漂流》（*Life of Pi*）過去好久了，我基本上感覺到，雖然我六十二歲了，但我還在成長。這個成長，一方面是我在電影方面追求的一個成長，另一方面是我對這個世界的觀察，還有對我內心的觀察。」

聽完我很震撼，一個六十二歲的人說出這樣的話，我就知道他還有廣闊的未來。五年後，已經六十七歲的他又有新的電影上映。我記得他曾經說過，以他在電影界的地位，再拍十年爛片也有人願意拿錢給他拍，但他不能這樣，他希望繼續嘗試、不斷突破。這就說明他永遠年輕，永遠有未來，強者更多地活在未來。

大學畢業後，我住在北五環約三坪的地下室裡，我可以接受這樣的境況，因為我活在未來，我知道一切都是暫時的。我的第一份工作是在服裝店賣衣服，我不怕別人嘲笑，因為我活在未來，對我來說這只是一個臨時糊口的飯碗。因為活在未來，所以無論多困難，我都選擇留在北京。

二〇一八年春節前後，在整個行業的大部分從業者認爲公衆號的紅利期已過，不值得再投入時，我選擇了辭職做公衆號。因爲我看到的是不一樣的未來：我看到未來五年，公衆號還有巨大的潛力，而且有一輪原創紅利期，之後大量行銷號上的粉絲會逐步自發地流動到有價值的公衆號上。所以我堅決辭職，從零開始做公衆號。

活在未來，就是爲了未來而活。我們現在做的所有，都是爲了未來。這就是爲什麼我希望大家要在每個階段都重新確認自己未來的樣子。

努力過好現在是一種痛苦的幸福

寫下這句話的此時此刻，是下午兩點四十八分，今天同事們約我去看電影，我沒去，因爲我要寫作。而爲了更好地完成寫作，我其實六點就起床準備了。今天是週六，陽光很好，適合外出，我不僅大半天的時間要待在家裡寫作，中午和下午還只能吃輕食，因爲我在減肥。

是不是很痛苦？說不是，就虛僞了。

那麼我就不幸福了嗎？不，我很幸福。如果一個人能每天寫一節課程文稿，還能每天變瘦，這難道不幸福嗎？堅持一個月，這個人就寫完了一門課程，並且擁有了健康的身體，這不是一種幸福嗎？所以，現在的努力是一種痛苦的幸福，有痛苦，但也很幸福。

二〇二〇年底買了房子後，我終於體驗了一次「裝修掉層皮」的痛苦。可現在回想起來，好像所有跟我說「裝修掉層皮」的人基本都是笑著說的，因爲痛苦過後，家變成了自己喜歡的樣子。未來的樣子越是美好，現在需要承受的痛苦可能就越大。

一週七天，五天晚上我都要直播。有一天我在辦公室裡感慨：「好痛苦，今晚又要做直播。」這句話說出口的瞬間，我馬上又反擊自己：「不，我很幸福，直播多好，既給學員做了分享，又鍛鍊了自己。」我就是這樣熬過一年上百場直播，跟同事們一起把業務越做越好，公司越做越大的。過去五年，我每年都有很大的成長，做出了不錯的成績，這正是因爲我每天都練習吞下現在的苦。

必須這樣嗎？是的，因爲不這樣，就無法讓精進性改變持續，無法讓革新性改變出現，最終無法讓過去的連續性實現一次非連續改變。活在未來，就是需要努力過好現在，因爲「活在」是一種確實的行動，有行動才有機會「活成」，未來只能「活成」而不能「想成」。如果沒有努力過好現在，活在未來這件事也就不存在。

第 3 章

時間押注

能否成事的關鍵

TIME MANAGEMENT

第一節

時間押注方法

學會時間押注，獲得更高回報

何謂時間押注？人的一生其實就是一段時間，這段時間可能是六十年，可能是八十年。更直白地說，時間就是我們的命。命運可以理解爲對命的運用，我們一生所得都是拿時間「換來的」，時間是我們最大的籌碼。把時間押注在哪兒決定了我們的一生。所以學時間管理，要學會時間押注。時間押注有什麼技巧嗎？這跟投資一樣，永遠押注可能性較大的事件。

二〇一四年李斌創辦蔚來汽車，馬化騰、劉強東、雷軍、張磊等企業家和投資人都鼎力支持。這是爲什麼？除了因爲李斌在這個領域深耕多年，還因爲他在創辦蔚來前，已經創辦了兩家上市公司。如果你是投資人，你更願意投資成功過兩次的人，還是失敗過兩次的人？

每個人的可用時間都是差不多的，人的一生有七八十年，每年都只有十二個月，每天

都是二十四小時。我們所擁有的時間是相等的，

但時間押注是不同的，隨著時間的推移，我們所得的回報差距會越來越大，所以我們要學會時間押注，將時間押注在大機率事件上。具體時間押注要注意以下三個方面。

一、該把時間押注在怎樣的空間上？

有個詞叫「時空」，時間和空間構成了時空，我們永遠不能脫離空間談時間。我說這樣一句話：「我在山東農村待了二十年，二十歲時來北京體育大學讀書，畢業後留在北京，至今『北漂』七年。」

這句話中有兩個最重要的元素：時間和空間。如果你不認識我，這句話裡的三個空間關鍵字會讓你對我有一個基本的印象：山東，可能讓你想到我實誠、好客，酒量好，喜歡穩定的工作；北京體育大學，可能讓你想到我是個體育特長生，愛運動，身體強健；北京，再加上「北漂」這個元素，可能讓你覺得我吃了很多苦，很努力打拚。

爲什麼我們看到空間關鍵字後，會有這樣的聯想？因爲我們知道，空間天然會塑造

人。如果你最近認識一個女生，你想週五跟她約會，然後問她：「妳週末一般去哪兒？」她可能回答「宅在家」、「去書店」、「去酒吧」、「去公司」、「去健身房」……這些空間關鍵字也都會讓你產生一些聯想，這同樣是因爲空間天然會塑造人。

第一個例子，我講的是大空間；第二個例子，我講的是小空間。空間無論大小，都會塑造人。那我們要把時間押注在怎樣的空間上？不管是大空間還是小空間，都要選擇能讓我們變得更好的。如果我們想在工作事業上更進一步，怎麼選擇發展空間？選事業發展機會更多的大城市。如果你來到大城市工作，怎麼選生活空間？我的看法是，能在市中心租三坪左右的房子，就不要在郊區租十坪的房子，因爲便利的交通和生活設施能有效提高你的時間使用效率。

空間對你的塑造是潛移默化、日復一日、永不停歇的。如果我們想利用週末時間學習來提升自己，應該怎麼選空間？我的看法是，能不待在家，就不要待在家。儘量早起，洗漱後出門，去書店、圖書館、自習室、公司辦公室、咖啡館等。只要你出門，這一天很可能就比宅在家裡玩手機收穫得更多。如果選擇在家學習，我建議能在客廳就不要在臥室，能在書桌前就不要癱在沙發上。

如果週末想休息，怎麼選空間？可以比平時多在家裡待一會兒，但是也要儘量製造外出機會，可以去商場逛街、去書店看書、去健身房游泳、去公園散步、去戶外爬山等，不是只有躺在家滑手機、玩手遊、追劇才叫休息。選擇讓自己的身心更健康、更積極的空間，而不是更沉迷、更墮落的空間。

從今往後，每規劃一段時間時，我們都要提醒自己，規劃時間的同時，我們也選擇了空間，而空間必定會塑造我們。比如創業時租辦公室，我選擇租的是聯合辦公空間的一間辦公室，有十五個辦公座位，每個位子的租金是每月兩千人民幣，合計每個月的房租是三萬人民幣，一年三十六萬人民幣，這間辦公室的面積大約十二坪。而這個價格，在北京其實可以租一整層六十坪的辦公室。但我沒有，因為我們團隊在北京一共十人左右，規模太小，單獨租一整間辦公室容易缺少辦公氛圍。在聯合辦公空間，十幾家公司共用一個大的辦公空間，共用這個空間的會議室、大茶水間、電話間、會客大廳等。這個空間總有人在聊工作、談合作、開會，會一直釋放積極、明快、熱情、健康的工作氛圍。

二、該把時間押注在怎樣的人身上？

沒有人是一座孤島。我們獨處的時間其實並不多，生命中的大部分時間，我們都是在與人同行。上班的時候，與上司、同事同行；下班回到家，與家人同行；休閒娛樂時，與朋友同行；學習時，與老師、同學同行。我們的時間品質很大程度上取決於和誰同行，即把時間押注在怎樣的人身上，並被他們影響和塑造。

比如，有個詞叫「阿里人」，指的是如果你加入了阿里巴巴這個公司，你的上班時間將與身邊的同事、主管共同度過，他們影響了你，你也變成了受阿里巴巴企業文化影響的一個人。又比如，有個詞叫「夫妻相」，指的是兩個人在一起生活，在言談舉止、說話方式、生活習慣、價值觀等各個方面會相互塑造。一起生活的時間越長，越是如此。再比如，有個詞叫「師承」，華倫．巴菲特（Warren Buffett）師承班傑明．葛拉漢（Benjamin Graham），岳雲鵬師承郭德綱，老師對你的教育會影響你的一生。

我們要把時間押注在怎樣的人身上？任何時候都應該選擇能讓我們變得更好的人。選戀愛對象、結婚對象，是一生最重要的時間押注之一。你很有可能跟他生活一輩子，他也必將用一生的時間日復一日地塑造你，他是你的「人生合夥人」。樣貌、身高、體重、學歷、收入等可能很重要，但我們更需要問自己一句：跟他在一起，能否讓我變得更好？

選老闆也是一次時間押注，是一年或者三年，甚至十年的時間押注，老闆的選擇決定了我們的能力、視野、格局、收入等，所以每一份工作都要進行綜合評判，不能只看某一點。我做新媒體編輯時，曾有企業家高薪邀請我加入他的公司，但我糾結了一個月後放棄了。原因是他的公司是做營銷號（編按：網路平臺上一種以獲取流量與利益爲目標的公衆帳號）的，相比內容價值，他更關心流量。而我卻更看中內容價值，所以不能爲了短期收益，把我的工作時間押注在那裡。

選同事也是一場時間押注。我們與同事相處的時間可能比與老闆相處的時間更長，決定是否要繼續待在這家公司，也可以看看同事是怎樣的一群人。他們是否積極向上、努力工作、愛學習、善良正直等。如果他們沒事就聚在一起閒聊、議論老闆、吐槽公司，建議早點離開這家公司，因爲我們可能會不知不覺地融入其中。

很少有人能做到出淤泥而不染，也很少有人會「見賢不思齊」。我們要儘可能多靠近比自己更優秀的人，向他們學習。有句話是這樣說的，跟三觀不合的人同行，就像慢性自殺。這句話我是反對的。三觀是指世界觀、人生觀、價值觀。我認爲多結交優秀的人，多向各領域的領袖人物請教、學習，讓他們的世界觀、人生觀、價值觀不斷衝擊我們，能不斷地塑造我們的三觀，使之變得更好。

三、該把時間押注在怎樣的事情上？

過往的所有經歷，塑造了人的自我。也就是說，你過去做的事塑造了今天的你，你現在做的事正在塑造未來的你。高中時，我覺得人生最好的出路就是考一所好大學，所以我幾乎將所有的時間都押注在學習上。大學時，我深感自己知識匱乏、精神貧瘠、見識短淺，所以我沒有把更多時間押注在聽課和提高成績上，而是押注在讀經典書、看經典電影、旅行和收穫各種體驗上。二〇一五年至今，我大部分的時間都押注在寫作這一件事上，做編輯、做講師、做公眾號、開發課程，都是這一件事的不同表現形式，讀書、觀影、見人、做事，都給我的寫作提供養料。我一直在寫，寫作水準一直在提升，帶來的回報也越來越大。

把時間押注在怎樣的事情上，效果是看得見的。把時間押注在哪裡，哪裡就有收穫。

二〇一八年和二〇一九年，我把更多的時間押注在寫「爆款」文章上，所以我的公衆號營運起來了。二〇二〇年和二〇二一年，我把更多的時間押注在做課程、寫書上，收穫也必將體現在這裡。

一天只有二十四小時，睡眠需要八小時，剩下十六小時，我們押注在哪裡？也許很多人是這樣的：三餐，三小時；打電動，兩小時；追劇，三小時；「滑」短影音，兩小時；「逛」社交軟體，一小時；打掃和收拾房間，一小時；「逛」購物網站，兩小時……如果想知道我們在手機上花了多少時間，可以看手機執行時間統計，查看各個手機軟體的執行時間。

但是如果我們將每天「滑」短影音、社交軟體的兩小時用來看經典電影，一年就可以看三百部以上。如果我們想練習寫作，每天抽出一小時寫五百字，一年就能寫十八萬字左右。很多人雖然想提升自己某方面的能力，想學習一項技能，卻總是說自己忙，沒時間。其實，幾乎沒有人會忙到每天都必須工作十幾個小時，完全沒有空閒時間。我有個習慣，就是每天記錄時間消耗情況。我發現原來在辦公室跟同事閒聊時，半個小時一下子就過去了。原本是爲寫作找資料，結果不小心打開其他網站就看起來，回過神來發現，一個小時已經過去了。

當我們說過去一年沒什麼成長時，可以問問自己過去一年的時間主要押注在了哪裡。每個階段都要把時間押注在最重要的事情上，押注在讓自己變得更好的事情上。當我們覺得這樣很痛苦時，記得想想前面我提到的「痛苦的幸福」，很多時候痛苦和幸福是一件事。

TIME MANAGEMENT

第二節 時間押注方向

一流時間管理的前提是明確目標

爲什麼那些有名的企業家，如伊隆・馬斯克（Elon Musk）、傑夫・貝佐斯（Jeff Bezos）、比爾・蓋茲（Bill Gates）、華倫・巴菲特、馬克・祖克柏（Mark Zuckerberg）、雷軍等，都是時間管理的高手。其實不僅是這些有名的企業家，各領域的行業精英一般都是時間管理高手，至少比大多數人的時間利用率要高很多。那麼，是因爲出色的時間管理能力成就了他們，還是因爲他們本身很優秀，所以時間管理能力很強？也許都是，也許兩者相互增益。

每天吃飯的時候看著窗外，我就想今年公司的營收要在去年的基礎上提高二十％；每天早上醒來，我就知道自己要完成一節課的寫作；每天看一下帳戶後臺的各項收入，我就知道本月離實現營收目標還差多少；想偷懶的時候，我就會想到這個月的寫作訓練營招生還是個問題；想多「滑」一會社交軟體時，就感覺有個聲音在提醒我：今天寫完課程文稿還要改海報文案，還要寫影音號（編按：微信以圖片和影片爲主的內容平臺）文案，還要跟同事討論社群營運的事……所有的時間管理高手都有明確的目標，不管是長期目標，還是短期的月目標、週目標，他們的目標都很明確，這樣的人，時時刻刻都知道自己該做什麼。

普通人的時間管理問題

有個網友向ＰＰＴ「達人」許岑老師傾訴：「我學英語怎麼也學不會，最可能的原因就是我有『拖延症』！」許岑老師回覆：「我看未必，最可能的原因是你根本不需要學英語。」我在一家黃燜雞米飯餐館吃飯時，曾聽到一段有趣的對話。有人問：「你們一天到晚拿手機玩手遊，有意思嗎？」另一個人回答：「我不玩手遊還能幹啥？」

沒有目標的人不需要做時間管理。當你感覺自己的時間管理有很大問題時，可能是因爲你沒有目標。你可能會說：「我有目標，我想賺更多錢，想實現財富自由！」但這不是目標，是「念想」，每個人都有無數「念想」。

就在寫這段話時，我拿起手機看到一個朋友在社交平臺上發的一段話。

去年一整年，工作、生活、感情被前所未有的混亂包圍，也不斷爲自己的脆弱感到內疚和抱歉，但最近感覺每天都是開心的，目標清晰又簡單，努力工作，認眞賺錢，買房、上學、讀書，今年的我，是跑起來的我。

這段文字很有意思，我們來分析一下。

什麼是「被混亂包圍」？就是指沒有明確的目標。「被混亂包圍」本身就能說明一切：包圍，就是很多東西圍繞著我們，每一個東西都試圖消耗我們，這時候人就很脆弱。

「最近每天都是開心的」，是因爲目標清晰。我們從來不說「目標包圍著我」，因爲目標指的是一個明確的方向，它不會「包圍」，正如我們不會說「混亂指引著我」。

寫下「目標清晰又簡單」後，她緊接著寫了，「努力工作，認眞賺錢」和「買房、上學、讀書」。很慶幸，她不是只有前者，因爲前者是「念想」，後者才是目標。她知道自己心儀的房子長什麼樣，知道自己離這個目標還有多遠，應該怎樣去實現。她已經工作幾年了，而又提到上學、讀書，她大概已經確定了要在哪個領域繼續深造。

她說「今年的我，是跑起來的我」，因爲有了明確的目標，她必然不會原地踏步。目標要求她跑起來。

我開設了時間管理課，有個學員發來她聽完第一節課的改變。她說她二〇二一年的核心目標就是考上上海交大的MBA（Master of Business Administration，工商管理碩士），以後在上海或南京發展。她現在每天學習英語、數學，準備面試申請材料。她已經寫了兩萬多字的面試申請資料，包括行業分析、企業分析、自我優劣勢分析、管理知識梳理、自我管理能力梳理等內容。她報了一個線上輔導班，在班裡八十五個人中，她的作業總是最先完成的，而且每次都是一次性通過，並被核定爲優秀作業，而有的人則要改很多次。她說這多虧了去年參加我的寫作訓練營，讓她的寫作能力得到了很大的提升。

她是一家企業的高管，收入頗豐，有孩子有家庭，但在三線城市的她，不滿足於現狀，總覺得人生還可以有更多的可能，一直想讓自己的人生實現一次非連續。我特別爲她感到高興，因爲她找到了明確的目標，這是她爲自己的人生引入的一次革新性改變。

我們可以學習一個人的勤奮，可以借鑑一個人的時間清單，但無法複製別人的動機，因爲每個人都有自己的目標。

你的「時間流動方向」比「時間流逝速度」更能決定人生

爲什麼不用更簡潔的表達，而要在「時間流動方向」前加上「你的」二字呢？因爲和很多人的認知不同，時間本身是沒有方向的。你可能會說，不對，時間一直在往前走，它每天都在流逝。是的，但這只能表明時間是有「箭頭」的。有句話叫「開弓沒有回頭箭」，這叫單一箭頭，不能回頭。每支箭都有一個箭頭，但它本身沒有方向，方向是射箭者定義的。所以我在前面加上「你的」二字，表明每個人要給自己的時間箭頭指明方向。

決定時間箭頭方向的要素是什麼？目標。一流時間管理的前提是明確目標。這句話在哲學上的意義是：目標透過幫你管理時間箭頭的方向，進而決定你的人生走向。物理學家卡洛．羅維理（Carlo Rovelli）說：「時間不是一條雙向的線，而是有著不同兩端的箭頭。」對我們影響最大的是時間的流動方向，而非其流逝的速度。

我們都度過了一年，但每個人的時間流向是不同的，而流向與流速相比，更能決定我們的人生。本質上，時間流速對每個人來說是相同的。但相對來說，即使做一模一樣的事情，有人只需要一天，有人則需要三天，我們說後者的時間流速更快，其實說的是前者的效率更高。效率就是單位時間內完成的工作量。在時間管理上，管理流速也就是管理效率，但更重要的是管理流向。你的時間箭頭指向何方，才是決定你人生的關鍵。

二〇〇六年，伊隆．馬斯克在特斯拉官網上發布了一篇文章，題目是「特斯拉的祕密宏圖（你知我知）」。在文章末尾，伊隆．馬斯克指出了自己明確的目標三部曲：第一步，生產跑車；第二步，用賺到的錢生產實惠的車；第三步，再用賺到的錢生產更實惠的車。十五年後大家發現，他眞的是按照這三步來執行的。在這十五年的時間裡，他有一個明確的方向。他經歷過很多困難和危機，並且因爲做的事情具有開創性，推進起來更是難上加難，最初有很多人嘲笑他。但他的時間流向，他的時間押注，最終讓他贏得了一切。

做事慢一點，沒關係；有「拖延症」，沒關係；做的事很困難，見效慢，沒關係；有時會偷懶，沒關係。你只要保證自己在對的方向上，隨著時間的推移，一定會跑贏大部分的人。

第三節

時間押注聚焦
無法專注的人，注定一無所成

我做過一門課程叫「個人爆發式成長的二十五種思維」。有學員聽完課後提問：「老師，這二十五種思維中，哪三個對你來說最重要？」我的答案中一定有專注思維。專注這個詞大家都很熟悉，但眞正透徹理解它的人卻不多。

什麼是專注？

專注是什麼意思？它的釋義是專心致志，它的反義詞是分心。按這種釋義來說，我應該是不夠專注的人。比如有時我寫一門課的課程文稿，效率特別低，本應上午寫完的，結果到了下午五點，才寫了不到三百字。當然中間可能因爲做其他事情占用了時間，不過它們占用的時間加起來不超過三小時。

爲什麼一天下來我才寫了不到三百字？因爲我無法專心致志，一直在分心。我總是惦記著在社交帳號發布的那條十分鐘的長影片能不能獲得一千個讚，隔一會兒就點進去看一眼，並且每次點進去看時，又可能被某條留言吸引。我好奇地點擊留言者的頭像，跳轉到他的帳號，我瀏覽著他的主頁面，這時快遞打電話請我支付運費。我付完，隨手打開了網購平臺主頁，又對幾件機車皮衣「生火」……還有很多分心的片段就不列舉了，這一天我一直在被不同的事情影響。

中學時有同學說我是過動兒，過動症的表現之一就是過動，只不過那時沒手機，而今天我是在手機上「過動」。但是，從另一個角度來看，很多人都覺得我很專注。比如，我一直在寫作，過去五年中，每年、每月、每週，甚至幾乎每天我都在寫，只不過有時寫文章，有時寫課程文稿，有時寫經驗分享，有時寫讀書心得，有時寫影片的文案。

再比如，我一直在做「粥左羅二十一天寫作訓練營」，到現在已經做了二十三期，當年很多跟我一起做或比我做得早的人，都不做了，而我還在做。我希望自己能做一百期，希望未來五年甚至十年我都不會放棄寫作教學。

再比如，我可以連續四十頓吃同一家店的健康餐，而且接下來可能還要吃一百頓。我覺得一件黑色短袖穿著很合適，就訂了三十件換著穿。我覺得一條黑褲子挺好，就買了五條。我每天穿的都一樣，都是同樣的黑色短袖和同樣的黑褲子。

你可能會問，這是專注嗎？我覺得是，而且是異於常人的專注。

其實我認爲的專注包括以下兩個方面。

第一，當下專心，指的是做一件事時專心致志，不分心。

第二，長期專一，指的是在較長的時間週期裡，將核心的時間用於專門做一件事。

我是一個半專注的人，經常做不到當下專心，但我能做到長期專一。

當下專心很重要，長期專一更重要

我們先說當下專心。我先從這方面來剖析一下我是一個怎樣的人。

如果我對一件事有濃厚的興趣，我會像變了一個人似的，變得無比專注。以前學滑板的時候，我可以一個人在學校角落從午餐後滑到天黑。

寫作也算是我有濃厚興趣的事。大多數時候，我是可以專心沉浸於寫作的，尤其是寫我特別感興趣的話題、觀點、人物、故事時，可以坐在座位上三四個小時不起身。越是像我這樣容易分心的人，越要儘可能地做自己感興趣的事，否則很難做到專注。

儘管我如此喜歡寫作，但當它變成我的工作時，我也必定是苦樂參半的，因爲它變成了一項任務。比如寫課程文稿，其實寫課程文稿對我來說最大的樂趣是深度思考、清楚表達和啟發他人。但是，一旦開始寫時，它就成了一個強制性任務，週一到週五，每天都要寫，雷打不動。但是恰恰因爲它變成了一個強制性任務，我才能對抗分心。因爲當天的課程必須按時寫完，當天晚上九點才能在平臺上架，所以我就變得很專注，直到完成任務。

在人性方面，我並不異於常人，我跟大家一樣，人性的所有弱點我都有，只不過我在充分認知了這些後，會試著駕馭它們，和它們和諧相處，所以我的時間管理方法是寫給普通人的。

總結概括一下，我們如何才能做到當下專心。

第一，雖然只做自己完全感興趣的事是不可能的，但也儘量不要做自己完全不感興趣的事，至少要做自己部分感興趣的事。

第二，一定要學會不停地給自己安排強制性任務。

對於一個成熟的成年人來說，一定要認識到後者比前者重要。感興趣是主動專心，是順應人性的；強制性任務驅動是被迫專心，是違背人性的。

接下來，我們再講講長期專一，它比當下專心更重要。

前面講目標時我說，只要保證自己在對的方向上，隨著時間的推移，一定會跑贏大部分人，哪怕做事慢、效率低、喜歡拖延。這是爲什麼呢？因爲很多人喜歡換方向，也就是做不到長期專一。試想，如果一個人去年當策劃師，今年當商務工作者，明年做編輯，後年做行政人員，四年下來他在任何領域都很難成爲高手和專家。

不管從哪個角度看，無法長期專一的人，都注定一無所成。那麼，如何做到長期專一呢？

1. **不要有太多目標和太多欲望**：我們有能力得到很多東西，但很難同時得到，也很難全部得到。

2. **一切皆有延遲，耐心等待長期專一的回報**：爲什麼很多人無法做到長期專一？因爲他不知道行動和結果之間是有延遲的，想要的結果越好，需要等待的時間就會越久。但大多數人既希望得到期待的結果，又沒有耐心等待。

3. **相信複利，時間越久回報越大**：我寫作五年多了，身邊不斷有人跟我一起寫，然後又放棄。我見過很多天分不錯的編輯，如果他們能堅持到今天，靠寫作讓收入大大增加並不是一件難事。但他們放棄了，選擇了轉行，專業技能也沒有得到很好的積累。

不僅是寫作，讀書、學習、職業發展也是如此，在一個領域裡深耕下去，不斷地付出，個人的能力才會不斷提升。寫作已經讓我收穫了許多，但我相信如果我能再寫十年，回過頭來看今天時，可能我的回報才剛剛開始。

專注，不管是當下專心，還是長期專一，都是在一個週期內把更多的時間押注在核心的事情上，這樣才能在這件事上不斷精進。而精進性改變持續下去，一定會帶來革新性改變，從而實現一次非連續改變，這是讓人生不斷有更多可能的關鍵。流水不爭先，爭的是滔滔不絕。只要我們滔滔不絕，最終就能奔流到大海。

TIME MANAGEMENT

第四節

時間押注密度

「大力出奇蹟」，快速崛起

我最早聽到「大力出奇蹟」這句網路流行語是在撞球桌上，大家都是業餘打著玩的，沒有高超的技術，沒有合適的撞球，沒有合適的角度，當遇到角度刁鑽的球時，我們無法透過技術化解，但還是要出桿，所以我們的選擇無一例外就是「大力出奇蹟」。

簡單粗暴，但有效

無數次實踐證明，「大力出奇蹟」這種方法確實有用。從邏輯上來說也確實如此：撞球運動的時間越長，路線越多，把一個球撞進洞的機率就越大。其實「大力出奇蹟」在很多領域也是有效的。

字節跳動創始人張一鳴一直信奉「大力出奇蹟」的方法論。他在字節跳動七週年慶的內部演講中說：「回頭看，開始的時候我們的很多方法並不好，但是我們很努力、很專注，最終我們大力出奇蹟。」

以抖音爲例，據科技部落格「36氪」報導，在二〇一八年春節期間，抖音平均一天投入四百萬人民幣預算，在各大平臺瘋狂買流量，結果日活躍用戶數漲了三千萬。看到勢頭起來後，抖音繼續加大投入，五月份有段時間每天拿出兩千萬人民幣的預算買流量，除此之外還拿出幾十億人民幣作爲紅人的內容補貼。結果抖音在二〇一八年春節前的日活躍用戶數是三千兩百萬，春節後爲六千兩百萬，四月日活躍用戶數突破一億，五月底日活躍用戶數已經漲到一．五億，這就是「大力出奇蹟」。

再比如雷軍從一個手機「門外漢」，打造出一個「豪華手機人才天團」，靠的就是「大力出奇蹟」。雷軍在公司創立的第一年投入大量資源在招聘上，八十%的時間都在招攬人才。他列了一個很長的名單，然後一個個去談，他相信事在人爲，招不到人才，只是因爲投入的時間和精力還不夠多。加入小米的前一百名員工的入職工作都是雷軍親自溝通的。

雷軍說，找人不是「三顧茅廬」，而是要「三十次顧茅廬」！只要有足夠的決心，花足夠的時間，很大機率可以組成一個很好的團隊。有個典型案例廣爲流傳，雷軍曾經爲了招攬一位出色的硬體工程師，連續打了九十多通電話，最後爲了說服對方加入小米，幾個合夥人輪流跟該工程師交流了整整十二小時，最後工程師答應加入。過後工程師說：「我之所以趕緊答應下來，不是因爲那時有多激動，而是因爲我體力不支了。」

三倍付出撬動十倍回報

二〇一九年二月二十一日，知名記者雷曉宇在虎嗅網上發布了一篇文章〈兩萬字解密：騰訊爲何把產業互聯網交給他〉，在整個行業收穫巨大影響力，一時間風頭無兩。

另一位知名記者程苓峰這樣評價雷曉宇：「雷曉宇讓我又想起了『大力出奇蹟』。聽說她是採訪了湯道生本人八小時，速記加資料有百萬字，寫到脫髮，兩週不下樓，才寫出了那篇文章。你說這些數據拿出來，不管文章立意是否精準，其效果肯定是出類拔萃的。好像潘亂也是這樣，寫一家公司得和幾十個人聊了才動筆。這沒有幾個人能做到，『大力』背後是熱情，我看雷曉宇對人的興致，潘亂對行業的興致，都是發自內心的。騰訊會找雷曉宇，那麼多人會跟潘亂聊天，我覺得也是因爲他們熱情、認眞。」

我也是個寫作者，對這段話深有感觸，深表贊同。過去，我寫過一百多篇點閱率超過十萬、數十篇點閱率超過百萬、一篇點閱率超過一千五百萬的稿子。大部分稿子都是「大力出奇蹟」的產物。說「大力」，是因爲寫每篇「爆款」文章，我投入的時間和精力都非常多，有時候爲了成功追到一個熱門話題，我會花很多時間沉浸在時事裡，時刻關注新聞，否則不會那麼敏銳。此外，我在寫文章前會花很多時間去閱讀、理解和梳理素材。一篇「爆款」文章的產出，是一連串事件的配合：找對了選題、借對了勢能、選對了角度、取好了標題、列好了結構、講好了故事等。有一個環節做得不好可能都不會出現奇蹟——所謂的「爆款」文章，所以，我在每個環節上都儘可能多地去投入。

爲什麼要這樣投入？其實這與「大力出奇蹟」的本質有關：力足夠大，突破臨界點，就會出現奇蹟。回報和付出不再對等，而是回報遠遠大於付出，即三倍付出，可能撬動十倍，甚至百倍回報。

壓倒性投入才能破圈升階

現在站起來努力向上跳，看看你能跳多高。其實就算你能跳兩米，比籃球運動員還厲害，還是會落到地上，因爲地球的引力很大，我們根本沒有「逃逸」的可能。

如何「逃逸」？就是要「大力出奇蹟」，就像如果速度足夠快，突破臨界點，就能脫離地球。這個速度是每秒十一．二千米，即第二宇宙速度。二〇一八年我創立公衆號時寫過一句話：「汲取向上的力量，逃逸平庸的重力。」

其實，我們不可能在所有領域都出類拔萃，我們要找到最適合自己的領域，脫穎而出，成爲站在相關領域頂端的少部分人——成爲前二十%、前十%，甚至前一%。如果做到前十%，也就突破了臨界點，就可能獲得機會破圈升階，進入新的起點。

如何做到呢？我們大部分普通人其實別無他法，唯有「大力出奇蹟」：時間上壓倒性投入，結果上壓倒性勝利。就像雷曉宇，我不相信她不這樣投入就能取得這樣的成績，我也不相信這個行業的人都這樣投入，因爲對於大多數人來說，懶惰是天性。如程苓峰所言，沒幾個人能做到。許多創業者抱怨招不到人才，但沒有多少人會像雷軍一樣花八十%的時間去招人，爲了拿下一個候選人壓倒性投入十二小時，聊到對方體力不支，最終同意加入爲止。

過去幾年，我最擅長的一件事就是透過時間上的壓倒性投入，跑贏同行業的大多數人。在做新媒體編輯時，整個新媒體小組有六個人，我寫出的「爆款」文章數量是同組人的兩倍以上。事實上，同事們在很多方面都比我優秀，而我最大的優勢就是在時間上壓倒性投入。比如追熱門話題、寫「爆款」文章，要比誰報選題快，誰出文快。這要如何做到呢？我週末兩天都不出門，因爲一旦出門去逛街、聚會了，很可能一下午，或者一晚上都不看新聞，而熱門事件是隨時可能發生的，很容易錯過。

當多次這樣「大力出奇蹟」之後，我逐漸在新媒體小組中脫穎而出，後面有好選題時，我就有了優先選擇權，上司有重要稿件需要寫時也會先想到我，我的機會和資源也越來越多，很快就破圈升階。

在我加入新的平臺做課程時，平臺上有很多優秀的老師，但我是唯一一個每一節課都按時上架的，這讓我頗受平臺營運人員的好評。同時，我也是給自己的課程寫推廣文章最積極的老師之一。這些努力讓我的課程推廣效果很好，所以平臺決定把更多的資源投放給我。二〇一七年，我的課程曝光量高達六千萬。

我們要在每一個階段，在一件核心事情上押重注，進行壓倒性投入，我們不僅要知道自己要做什麼，更要每天提醒自己不做什麼。選擇不做是爲了把時間留給押重注的事情。這種壓倒性投入，能讓我們在這件事情上超過九十％的押注者。這時候很多過去想不到的機會、資源都自然會主動找來，幫助我們突破。

回顧過去的成長經歷，你有沒有在哪一件事上眞的做到過壓倒性投入？如果沒有，建議你嘗試一下，或許就能找到做好一件事情的密碼——「大力出奇蹟」，進而實現破圈升階。如果你有過這樣的經歷，恭喜你，你需要把這種成功的經歷延續下去。回顧我過去的成長經歷，每一個階段的突破，都離不開「大力出奇蹟」。

TIME MANAGEMENT

第五節

時間押注監控

每個階段都重新確認時間押注

我們前文講的時間押注的目標、專注、「大力出奇蹟」，都是圍繞時間用在哪兒展開的。本節我們重點討論的是在人生階段中，如何透過最優時間分配利用策略，跑贏大部分人，讓自己的人生擁有更多的可能。

我們一生的時間有八十年左右，分爲很多個階段，所謂的最優時間分配利用策略，不是萬能的，並不適用於所有階段。本節主要是告訴你，要養成及時提醒自己的習慣，經常問自己是否要重新思考最優時間分配利用策略了。

每個階段都重新確認時間押注

我之前說時間是最大的賭注，把時間押注在哪兒，決定了我們的一生，並且提出要從三個方面來思考：把時間押注在怎樣的空間上？把時間押注在怎樣的人身上？把時間押注在怎樣的事情上？

我們應該將這三個問題寫在一張卡片上，放在辦公室或家裡，以提醒自己，每半年到一年再認真思考一次，重新確認一次。注意，我這裡說的是重新確認一次，而不是必須改變。「改變」需要我們思考清楚，「不變」也需要我們思考清楚，而不是讓人生靠慣性推進或被外力改變。而這三個問題的答案也並不是每個階段都要改變的，有的連續幾個階段都不用改變，有的每個階段都需要改變。

我二〇〇九年參加高考，目標是考上北京的大學，卻考上了山東的一所學校。我問自己，是不是一定要去北京，答案是一定要，所以我選擇了重考，並於二〇一〇年考上了北京的大學。二〇一四年大學畢業時，我問自己要不要留在北京工作，答案是要。畢業一年我的發展非常不順，爸媽催我回山東老家，我再次確認了目標，選擇繼續留在北京。二〇一七年前後，我二十七歲，同學和朋友陸續結婚成家，我又問自己是不是還要留在北京，答案仍然是要留在北京。二〇二〇年，我決定買房，也對這個問題進行了深度思考，又一次確認自己要留在北京。這是我對空間的最大押注，長期押注北京。

把時間押注在怎樣的人身上也需要定期思考。比如有一天你覺得在這家公司繼續工作下去沒有價值、沒有意義，就應該離開，永遠要追隨可以做你榜樣的老闆和主管，要跟可以共同成長的同事在一起做事，因爲人和人會相互塑造。

對事情的押注也是如此。你過去做的事塑造了今天的你，你現在做的事塑造了未來的你。在不同階段，核心的事情可能不一樣，

我們需要及時重新確認。大學時，我把時間押注在讀書上。畢業後，我把時間押注在事業上。

每個階段都重新調整並反覆檢視目標

在寫這本書之前，我在社群裡向大家徵集時間管理方面的問題。其中有個同學問：「集中一段時間完成自己想要做的事情後會突然鬆懈，這種鬆懈，是因爲自身驅動力不足

嗎？」

如果你不知道如何回答這個問題，說明你沒有很好地理解「一流時間管理的前提是明確目標」這句話。我先拆解一下這位同學的提問。「集中一段時間完成自己想要做的事情」，意思就是說，當他有明確的目標時，他的時間管理一般就做得很好，因爲目標在幫他管理時間箭頭的方向，讓他在這段時間裡當下專心，長期專一。「完成自己想要做的事情後會突然鬆懈」，從另一方面證明了，目標消失後，本質上就不再需要很好的時間管理了，因爲時間管理就是爲了實現目標的。沒有目標，時間箭頭無所指，什麼事都可以吸引他的注意力。要如何避免這種情況發生呢？

首先，儘量不出現長時間的目標空窗期：一個目標達成後，不要讓自己處於長時間的目標空窗期，而是要越戰越勇，挑戰下一個目標。

其次，儘量每隔一段時間刻意提升目標：不管是在工作上，技能學習還是財富積累上，都不能有「小富卽安」的心態，達成了一個階段性目標後，要讓自己的目標繼續升級。很多人不能持續精進，就是因爲作爲時間管理引擎的目標開始失效了。

最後，每隔一段時間要重新確認目標：這跟上面兩點不同：第一點指的是目標達成後要設立新目標，第二點指的是在一個目標方向上不斷升級目標，而第三點指的是，問問自己是否要調整目標。這跟時間押注的邏輯一樣，重新確認目標，不一定非得改變目標，如果要改，也是想清楚之後做出的決定。

當然並不是我們制定的所有目標都方向正確、合情合理。比如，二〇一九年我定了一個目標——要在二〇二〇年出版三本書，重新確認後就放棄了。出書和做課程不同，課程可以隨時調整，但書不能隨時更新、再版，一本書需要經歷更久的考驗，所以我調整了目標，調整爲二〇二〇年出一本關於個人成長的書。

而在內容創業上，我的目標一直沒有改變，公衆號內容始終聚焦個人成長，課程培訓也是如此。創業路上有各種各樣的誘惑，總有人建議我做這做那，所以需要我自己不斷確認。還是那句話，目標管理著我們的時間箭頭的方向，進而決定我們的人生走向，所以每隔一段時間重新確認目標是非常重要的。

刻意規劃革新性改變，人為製造非連續

我還想強調的一點是，很多時候我們要一定程度地爲了改變而改變，也就是本來不需

要改變，但我們刻意選擇改變。爲什麼要這樣呢？因爲要引入改變，打破連續性，實現非連續性，這是因爲非連續性是人生擁有更多可能的希望所在。所以，有時候爲了打破現有狀態，爲了改變而改變是有必要的。

例如，當你進入新媒體行業，報了一個寫作班，這叫按需改變。而當你本來不需要學習寫作，你的工作和生活也在正常推進，但你覺得人生缺乏變化，所以報了一個寫作班，想看看接下來會發生什麼，這就是爲了改變而改變。當然這是拿寫作舉例，改變也可以是其他方面的，比如讀ＭＢＡ、學拳擊、進行一次探險旅行……這些都是爲了改變而改變。

再比如，我在北京待了快十一年，如果有機會，我希望去深圳或杭州發展，當然我還是會長期押注北京。我不知道去了其他城市會如何，我只知道一定會引發一系列的改變。生活的城市對於一個人的發展很重要，去新的城市可能有好的改變，也可能有不好的改變，但沒有改變肯定是不好的。這種所謂的爲了改變而改變，其實也算是折騰，即不甘於現狀，總想試試人生是否能有點變化。

當然，折騰可能會帶來驚喜，也可能帶來驚嚇。整體上，我比較提倡經常刻意規劃一些改變，人爲製造非連續性。人一般不會隨時間的流逝而有很大的變化，人要想發生大的改變，需要另一個改變觸發。比如，加入了一個新團體，周圍的人突然變了；離開了生活了十年的城市，生活有了新的開始；受到了很大的刺激，看到了人生新的希望，決定不再繼續渾渾噩噩下去。這些刻意的改變，能夠推動你向前踏出一步，使你脫離熟悉的軌道，給未來注入更多的可能。

第 4 章

時間要義

釐清重點，拒絕瞎忙

TIME MANAGEMENT

第一節

區分事件類別
定義清楚人生中的四類事

大家大概聽說過一句很火的話——「怎麼過一天，就怎麼過一生。」一生就像一天，只要做好四類事就可以了。這當然不是說重複做一模一樣的四類事，而是從事情產生的當下價值和未來價值來看，幾乎每件事都可以歸爲四類事中的一類。

是哪四類呢？介紹之前我先跟大家分享幾個我自己的眞實經歷。

有一天我去一個朋友的公司，他在忙，我便跟公司裡的其他幾個同事聊天。他們說：「你之前騎摩托車去旅行，兩個月沒回北京，公司沒事嗎？很難想像我們老闆出去一個月公司會怎樣，估計要大亂了。」我的朋友這麼忙是因爲他要負責各種具體業務的跟進和細節的追蹤。一個公司的創始人一旦被囿於這些瑣事中，就難以脫身。

我有個朋友從公司離職了，我問她原因，她說：「受不了我的主管。掌管近百人公司的CEO，每天親自登錄公眾號後臺精選留言，干涉得太多，我幹不下去了。」

這個朋友以前跟我講過，因爲一直沒招到一個合適的內容主管，所以CEO就自己幹這些活。

其實是眞招不到人嗎？當然不是，沒花足夠的時間而已。如果按照前文提到的像雷軍那樣去招人，一定會招到的，只不過他沒有這樣做而已。一個擁有百萬粉絲的公眾號，每天的內容審核、編輯、營運都很重要且緊急，所以老闆必須每天處理。招一個可靠的內容主管也很重要，但好像沒那麼緊急，這週沒招到，自己先頂上也可以，下週還是這樣……結果很長時間過去了還是沒招到。

老闆尚且如此，自己可以把自己拖垮，更何況員工。老闆因爲常常被重要且緊急的事牽著走，所以還能做成些事，而可悲的是，很多員工天天被不重要且不緊急的事牽著走。有個網友說：「小時候常聽爺爺訓斥父親的一句話——凡事都要分輕重緩急。以前不懂，現在才知道『輕重緩急』原來是指四類事！」

這句話可能大家都聽過，這四類事就是：重要且緊急的事、重要但不緊急的事、緊急但不重要的事、不重要且不緊急的事。

我們實現目標的過程必然包含這四類事。不管我們做什麼，時間總是被這四類事塡滿，我們能做的就是爲它們合理地分配時間。

我們必須對各種事情進行歸類，因爲成功實踐的前提是定義清晰。

重要且緊急的事

二〇二〇年八月中旬，我覺得實在有必要再次更系統地解決我個人的時間管理問題，所以我著手寫這個主題。過去我也經常思考優化、調整、實踐時間管理的策略，但更系統、深入地研究和梳理，一定會讓我獲益匪淺。仔細地研究後，我發現很多人之所以疲於奔命卻不覺得生活和事業有所改變，是因爲每天的時間都被重要且緊急的事塡滿了。何爲重要且緊急？重要，卽不得不做；緊急，卽不能拖延。

我也有這個問題，以下爲我的行程。

二〇二〇年八月十四日：

必須修改並錄一節課，當天要更新上傳課程；

必須準備一個六十分鐘的內容分享，當天晚上八點直播；
必須寫完一篇三十分鐘大會分享逐字稿，當天要交給合作方。

二〇二〇年八月十五日：
必須完成一個廣告客户的業配大綱，當天要交給客户；
必須準備一個六十分鐘的內容分享，當天晚上八點直播；
必須根據合作方回覆修改完大會分享逐字稿，當天晚上要錄製。

以上這些是我列出當天需要花較多時間完成，而且重要且緊急的事，每一件都要花兩三個小時甚至更多。除此之外，我還有很多不需要花費太多時間處理的重要且緊急的事要做，比如完成給公眾號內容組的同事的選題回饋，查看面試者的筆試作業並回覆對方。每一件可能要花半小時左右的時間，但都必須於當天完成，這樣的事加起來所花的時間並不少。於是，我幾乎每一天都在「應急」。

現在，我們來一起定義重要且緊急的事，分別爲：動作性的、緊迫性的、短暫性的、問題性的事。

動作性：這類事通常不是戰略規劃性的，而是戰術執行性的，比如，不是預先在家裡準備好很多套適合各種場合穿的衣服，而是需要時再去準備合適的衣服；不是每天早上做好一天的安排，而是每做完一件事再想一下接下來做什麼等。

緊迫性：這類事通常是沒有緩衝餘地的，需要馬上處理，比如處理危機：需要馬上解決的使用者投訴、核心員工突然提出離職、伴侶跟你吵架甚至提分手、突然生病等，再比如完成限時任務：上午十點面試新人、下午兩點有客戶來訪、下午四點開部門會議、晚上八點同學聚會等。

短暫性：做這類事的價值更多體現在當下，而非未來，比如接一通電話、處理帳號被鎖的問題、做一場直播分享、追熱門話題寫稿子等。

問題性：做這類事通常不是爲了抓住機會，而是爲了解決問題。比如完成一位朋友有關新媒體問題的諮詢、幫作者改稿、給編輯選題意見等。

大部分重要且緊急的事會同時滿足多個特性。很多人以爲，每天多做重要且緊急的事是個好習慣。這是相對而言的，比起做不重要的事的人，做重要且緊急的事的人看起來確實更優秀。但從長遠來看，每天做重要且緊急的事並不一定能幫助我們把事業做得更好。處理危機、解決當下的問題、完成限時任務……這些重要且緊急的事會讓人感覺筋疲力盡、壓力巨大，而且好像越忙工作越多，永遠忙不完，讓人感覺被困住了，產生「長恨此身非我有」的感覺。每天做這些事，會讓人覺得對生活和人生沒有主動權和掌控感，覺得自己被牽著鼻子走，不得不做。一個人想要獲得持續的成長，需要把更多的時間用來做重要但不緊急的事。

重要但不緊急的事

大部分人的持續平庸都源於重要但不緊急的事做得太少。重要，即不得不做；不緊急，即現在不做也沒關係，不會影響當下。作爲創業者，我有很多不得不做的事：招聘事業合夥人、優秀的作者、社群營運人員；思考半年後、一年後的業務方向，預先規劃資源需求；制定更合理的績效管理制度，定期做員工激勵；儲備第二年的重點課程，完善課程體系。一個創業者只有把大部分時間花在重要但不緊急的事情上，公司才會越來越好。

但認眞看上面的每一件事情，當下不做的話，眞的不影響成敗：事業合夥人沒招到，我先自己處理相關事務；優秀的作者不夠，公眾號暫時多轉載；社群營運人員不夠，可以暫時先不營運新的社群；一年後的業務方向來不及想，沒事，時間還早；績效管理制度今天沒定，員工一樣幹著。最終結果就是這些事長期沒有得到解決，三個月、六個月、半年後，大部分事情還是沒做。

我們來一起定義重要但不緊急的事：戰略性的、預防性的、長期性的、機會性的事。

戰略性：正是因爲它們不是動作性的而是戰略性的，所以不緊急。比如招聘儲備人才、設計公司新業務、集中一段時間找出自己職業瓶頸出現的關鍵原因並制訂計畫克服……等都是戰略性的。

預防性：正是因爲它們不是救急性的而是預防性的，所以不緊急，但如果你經常做預防性的事，未來讓你救急的事就會越來越少。比如培養關鍵職位的儲備人才，以保證任何一個人離職都不影響業務的正常運轉；定期跟核心員工談話瞭解工作情況並做回饋，降低人才流失率；正式離職前規劃好下一步，做一些預先準備，才不至於離職後陷入處處被動的境地等。

長期性：很多事當下做不一定馬上見效，但持續做具有長期價值，比如建立並維繫核心資源、堅持每天學習和復盤、持續健身、增進跟伴侶的感情、經營好家庭等。

機會性：很多事不是優化存量的事，而是尋找增量甚至變數的事，這些事會給你我的事業和人生帶來新的改變，比如以投資的心態拿出可承擔風險的資金嘗試拓展新業務；走出社交舒適區，刻意認識一些新的值得認識的人；瞭解行業內出現的新趨勢、新玩法；學習拓展新的知識和技能等。

大部分重要但不緊急的事會同時滿足多個特性。只有將重要但不緊急的事做好，人生才能持續獲得發展。

緊急但不重要的事

不斷跳出來的新郵件、簡訊，可參加可不參加的會議、活動，沒有意義的無所謂合作，價值極小的上門拜訪或被拜訪，意義不大的社交活動，工作中無意義的各種瑣事，因爲「老好人」的性格而無法拒絕的別人的請求等，都是緊急但不重要的事。這些緊急但不重要的事情就是打亂工作節奏的罪魁禍首。針對這類事情，我們可以在某一時間段進行集中處理或委派給專門的人員處理，以避免一整天都在處理這類事情，而眞正重要的工作毫無進展。

不重要且不緊急的事

追熱播劇、看綜藝節目、關注娛樂新聞、討論明星八卦、看網路小說、沒有明確目的地逛商場、逛購物網站、看短影片、與別人進行無意義的爭論、回覆別人對你無關緊要的評價……這些都是不重要且不緊急的事情。做這類事情基本上都是在浪費時間，我們能不做就儘量不做。

你想想，人這一生，是不是每天所有的事情都可以分爲這四類。

你每一天如何對待這四類事，其實就是你這一生如何對待這四類事，這就是所謂的「怎樣過一天，就怎樣過一生」。

我們要經常做的一件事就是分類記錄，把每天做的每一件事歸類，瞭解每天的時間在這四類事中的分配比例是怎樣的，然後推及每週、每月，最後進行分析和復盤，這樣才能不斷優化時間分配。

TIME MANAGEMENT

第二節 遵從做事慣性

人為何喜歡做更緊急而非更重要的事？

每年、每月、每週、每天，我們都要同時面對很多待辦事項，但又無法同時做，我們必須做出選擇。我們經常希望能先做更重要而非更緊急的事，但現實總是事與願違，我們總忍不住先做更緊急而非更重要的事。更要命的是：我們知道這樣不好，但我們還是會這樣做。那應該怎麼辦？我先不講做法，先講心法。我們必須先明白人爲何傾向於做更緊急而非更重要的事。

人傾向於做可執行性更強的事

可執行性更強是什麼意思？

簡單的事比困難的事的可執行性強。

具體的事比抽象的事的可執行性強。

A事項：週一要去面試，週末我要去商場買一套合適的衣服。

B事項：學一下穿搭管理，衣櫃裡準備好常用的套裝。

A事項：下午兩點有個應徵者要來面試編輯職位，我要提前構思一下面試方法，並且列出一些專業問題和通用問題。

B事項：找時間把公司三個核心職位的面試流程和方法確定下來，同時在這個階段該招一名人事了。

A事項比B事項更簡單、更具體，執行性更強。因此，我們不斷在做A類事項，逃避B類事項，也正因如此，我們會在將來遇見更多A類事項，且每次依然緊急且處理效率低。

人喜歡確定性，厭惡不確定性

職場中很多人天天吵著要離職，結果月月滿勤。我有個朋友很想辭去現在的工作，但始終沒敢邁出那一步，因爲在職具有確定性，離職具有不確定性。我們天生喜歡前者，厭惡後者。

這種喜好在做事上也體現得淋漓盡致。

我們喜歡已完成的，厭惡未完成的。

我們喜歡即時回饋的，厭惡當下無回饋的。

A事項：寫一篇稿子、拜訪一個客户、參加一個會議、處理一封郵件、回覆用户諮詢……。

B事項：找到自己未來三年的寫作定位、梳理自己的社交網路並做分析、整理常見的用户問題及通用回覆……。

對於A事項，這些每日待辦清單上的事讓我們很有快感，因爲執行完我們就會在清單上打個勾，一天下來會打很多勾，這讓我們感到心滿意足。

對於B事項，我們不會很快完成，有的需要三天，有的需要一週，經常做這類事就容易產生一種挫敗感：我忙了一天，好像什麼也沒做成。

對於A事項，你能很快做完，又能很快收到回饋，如用戶誇你負責，主管說你執行力強，同事羨慕你高效，這些都是看得見的。

對於B事項，其回報發生在未來，在得到結果之前，你面臨的是無人讚美甚至無人知曉的境況，而且需要承擔未來也不一定有回報的風險。

已完成與即時回饋的事項都是有確定性的；未完成與當下無回饋的事項，充滿了不確定性。

人傾向於做擺脫風險的事，而非增強安全性的事

假如此刻有一把槍指著你的頭：

A選項：扣動扳機，沒子彈你將獲得百萬獎金；

B選項：趕緊把槍拿開，保命要緊。

你會怎麼選呢？哪怕沒子彈的機率是九十％，你也可能選B。獲得獎金是增強安全性的事，即使沒有獎金，我們也是安全的；把槍拿開是擺脫風險的事，扣動扳機有可能讓我們死亡。我們的第一任務是保命，這是合情合理的。人類也是因爲求生的本能得以延續到了現在。投射到我們的做事方式上，我們會優先處理擺脫風險的事，而非增強安全性的事。

A事項：需要馬上解決的使用者投訴、核心員工提出離職、伴侶跟你吵架甚至提分手、突然生病、上午十點面試應徵者、下午兩點有客户來訪、下午四點開部門會議……。

B事項：設計公司新業務、培養關鍵職位的儲備人才、制訂職業發展備選計畫、定期做身體檢查等。

B事項都是增強安全性的事，但我們會不得不先做A事項，因爲它們要麼本身是風險，要麼不做就會面臨風險。

以上三點讓我們從心法上基本理解了我們一些行爲的原因——它們是符合人性的。這很重要，時間管理的前提是不能違背人性。但是，這確實也告訴我們一個扎心的眞相：我們將來可能也很難做到每天優先處理更重要而非更緊急的事，因爲這是違背人性的。

那該怎麼辦呢？我們的解決措施不是違背人性，而是順應人性，即將重要但不緊急的事轉化爲重要且緊急的事。

TIME MANAGEMENT

第三節 學會事件轉化

如何堅定地做重要但不緊急的事？

人和人的差距，很多時候並非取決於不同的想法，而取決於不同的執行力。但如果我們的執行力多用在重要且緊急的事上，可能只能做到優秀，如果想要從優秀跨越到卓越，就要把更多的執行力用在重要但不緊急的事上。

如何堅定地做重要但不緊急的事？真正重要的事，我們常常沒有去做，也都沒有影響大局，可每當我們進行階段性復盤時，都能意識到：「啊，三個月前、一年前我就該著手做這件事，否則不會是今天的局面。」

每當這時候，我們都會重新把對重要但不緊急的事的重視程度提升到新的高度，我們可能會深入地反思，並發誓在接下來的半年裡一定會不斷去做這件事。但是，這種下定決心的事我們可能不止做了一兩次，但又有幾次真正完成了呢？所以做這件事的關鍵，不在於下決心。

前文提到了，我們將來也很難做到每天優先處理更重要而非更緊急的事，因爲這是違背人性的。所以解決此問題的核心要點，並不是一次一次地下決心，而是找到突破點，即順應人性：將重要但不緊急的事轉化爲重要且緊急的事。

轉化時整體要遵循以下原則。

原則一：將彈性的轉化爲限時的。

原則二：將長期的轉化爲短期的。

原則三：將抽象的轉化爲具體的。

將重要但不緊急的事轉化爲重要且緊急的事，本質上就是讓不緊急的變成緊急的，把難執行的變成好執行的。

第一步：替重要但不緊急的事設定一個具體的、限時的目標

各個方面的重要但不緊急的事都很多。以職場爲例，職業選擇對我們人生的影響非常大，但我們可能面臨選擇的公司不適合、選擇的職業不擅長、選擇的行業不景氣等問題，

我們都需要調整職業規劃，重新進行選擇。在很多人看來這也許是件重要但不緊急的事。但正是因爲不緊急，大多數人在這件事上一拖再拖，直到把自己徹底困住，或者浪費很多的時間。

爲什麼這件事做起來難度如此之大？因爲它沒有一個具體的、限時的目標。比如有人說：「這個公司發展前景不好，我以後肯定得換工作。」

1. **不具體**：你是要轉行還是只是換公司？你想進入大公司還是創業公司？
2. **不限時**：「以後」是什麼時候？兩年後、一年後，還是半年後？

不具體的目標算不上目標，不具體就無法執行。一個沒有限定時間的目標也不算目標，它的實現必然會一拖再拖。

我的朋友在一家網路公司做到了中階管理者的位置，他在這家公司已經奮鬥了超過五年，這兩年他一直想自己創業。我對他的能力很瞭解，他創業成功的機率是很高的，即使是以超級個體式開始也沒問題，其收入也不會比現在差。退一萬步講，即使創業失敗，他也可以再去找工作。

這些他自己也明白，但他一直沒有辭職創業。這件事對他來說就是一件重要但不緊急的事。他問我有何建議，我給出的核心建議就是：先設定一個具體的、限時的目標，比如

「我要在二〇二二年十二月三十一日前辦完離職手續」。

時間是確定的，動作是具體的，這件事一下子就有了執行性。接下來，他可以拿出一定的時間，比如用兩週去規劃這件事的具體操作，倒推出現在該做什麼、一個月內要完成什麼、三個月內要完成什麼，這樣到時限前就能把這件重要但不緊急的事做完。

找工作、學習新技能、打造知識體系、打造新業務、開發新產品、招聘新員工、培訓團隊、鍛鍊身體……對於這些重要但不緊急的事，你只有給它設定一個具體的、限時的目標，它才有完成的可能性。

第二步：拆分目標實現流程，列出具體的任務清單

只有具體的、限時的目標還不夠，既然它是重要但不緊急的事，那它可能有一定難度，對應的目標一般也不小，完成的週期一般也不短。這就導致大部分人面對重要但不緊急的事時都是迷惘的，不知道當下應該做什麼，因此我們還要繼續提高可執行性：拆分目標並列出具體的任務清單。

我經營著兩個公眾號——「粥左羅」和「粥左羅的好奇心」。前者是主帳號，由我和一個營運團隊一起經營，我們承擔著「服務讀者+業務變現」的任務，一直在有條不紊地持續營運；後者是我在二〇一九年十月開始營運的，現在有二十二萬粉絲了，但是沒有營運團隊，我偶爾寫篇原創稿在上面更新，我有課程要發布時也會透過它宣傳。

二〇二〇年五月，我覺得這個公眾號不好好營運起來太可惜了，二十二萬粉絲已經不少了，而且都是高品質粉絲。但是五月、六月、七月過去了，八月也馬上要過去了，我還是沒有開始具體的行動。

這也是一件重要但不緊急的事，不營運它，公司也能正常發展，業務也能照常推進，但如果營運好了，就可以增加一部分廣告收入，公眾號矩陣（編按：指營運多個帳號，實現品牌間互相傳播、互動）的發展也會多一份保障。同時，這個公眾號的調性更好，可以提高我們的品牌知名度。二〇二〇年八月二十二日，我在當天日程表的重要但不緊急一欄裡寫下：「二〇二〇年十月八日，『粥左羅的好奇心』正式重啟營運，推送第一篇文章。」

一個具體的、限時的目標有了，但只有這個還不夠。我開始拆分目標，完成這件事我需要做好以下這些事：

九月一日前思考並確定帳號的營運目標，包括帳號定位、調性等。

九月六日前制訂一個基本內容計畫，涉及內容方向、內容來源、推送頻率等方面。

九月十日前重新梳理一遍帳號的基本設置，確定頭像、名字、簡介、自動回覆、功能表列等。

九月十四日前確定一個文章排版範本。

九月十五日前配置一～兩名營運人員，制定績效管理制度。

九月二十日前準備好至少五十篇轉載文章。

九月三十日前確定好前十篇推送文章。

目標越大、越複雜，我們越要花時間拆解它，同時要設置相對有彈性的完成時間，這樣才能保證最終的完成效果。透過梳理小目標，可執行性大幅度增強了，我清晰地知道了分別需要做什麼、大概的時間點，更重要的是清楚了當下要做什麼，這樣開始做就變得容易多了。

第三步：拆解任務，列出具體的待辦清單

繼續增強目標的可執行性，將任務分解成動作。什麼是任務？九月十五日前配置一～兩名營運人員，這是個任務。但它還沒有被分解成動作，動作就是每日工作清單上那個不用再進一步規劃就可以去完成的事。

拆解這個任務後，你可能會在每日工作清單上做如下記錄。

九月十二日上午十～十二點：分別跟三位營運同事溝通，說明任務，瞭解意願等。

九月十三日下午五～六點：綜合考慮，確定一～兩名營運人員。

九月十四日上午十～十二點：跟確定好的營運人員開會，再次宣講任務，並討論一些具體問題，然後安排一週內的工作。

上述內容有確定的時間，是具體的、可執行的。

看到這裡，你可能會突然意識到任務和動作的區別所在。一個是不具體的、不限時的、有難度的、長週期的重要但不緊急的事；而另一個是一個週期內每天都要做一點的重

要且緊急的事，它們很重要，必須要完成，它們很緊急，必須按時完成。

這裡還有個執行細節，我們一開始並不需要把每個階段的任務都拆解成動作。我們要先從整體上分析這些任務，預估每個任務的起始時間，然後拆解最近要做的一兩個任務就可以了，剩下的任務臨近起始時間時再拆解。這也是爲了降低執行難度，否則拆解任務就需要很長時間，執行的積極性可能會降低。

第四步：定期復盤、調整、激勵，確保目標最終按時完成

前面我們講過，對於重要但不緊急的事雖然設定了具體的、限時的目標，但一般完成週期相對較長，難度較大，而且我們在第二步列出的只是一個具有彈性時間的任務清單，需要透過不斷拆解任務推進執行，所以在這個過程中，一定還會出現現實和理想的差距，不會總是那麼順利，不會總能嚴格按要求完成。所以，爲了獲得最終的勝利，我們需要在這個過程中不斷復盤。

復盤應該是每週、每月都要做的，主要內容如下：

過去一週、一月目標的完成情況；
判斷接下來是否能繼續推進；
目標是否需要調整；
難度是否需要調整；
起止時間是否需要調整。

同時，我們要不斷激勵自己。當階段性地完成一些重要任務時，可以有儀式感地獎勵自己，比如送自己一個一直想要的禮物、吃一頓喜歡的美食、去喜歡的地方休息一下等。

利用四步法，可以有效地將「重要但不緊急的事」轉化成「重要且緊急的事」，讓事情得到更好的解決和執行。

TIME MANAGEMENT

第四節

學會留白
如何合理減少重要且緊急的事？

爲何要減少重要且緊急的事？第一，留出更多時間，規劃從長期來說更重要的事。第二，所有事情都很重要也是不合理的。沒有彈性就沒有機動性、創造性和更多的可能性。

不斷合理減少重要且緊急的事，可以鍛鍊我們的選擇能力和優先級排序能力，讓我們持續思考什麼事更重要和什麼事沒那麼重要，我們會因此變得更強大，生活幸福感和人生掌控感也會隨之增強。

重要且緊急的事一旦進入我們的每日待辦清單，就意味著必須要執行。合理減少這類事的方法，並不是每天看看清單上有哪些事情可以刪除，而是要直接阻止它們中的一部分被寫進清單。

學會拒絕

最理想、最有價值的重要且緊急的事應該是由重要但不緊急的事逐步轉換而來的。比如我正在準備一門課程，本來它是重要但不緊急的事，但我爲它制定了具體的、限時的目標並進行了拆解，最終我需要每天六點起床並至少花兩個小時準備課程。但現實是，大部分重要且緊急的事都是臨時出現的，比如主管分派的任務、同事請你幫忙、客戶有問題要解決、朋友邀請你參加活動等。

其中有一些是你無法拒絕的，比如主管合理地給你分配任務。但也有很多事，只要你學會拒絕，就可以省下很多時間。比如，我做新媒體編輯時，比較擅長寫「爆文」，所以公司的會展部、廣告部會找我幫忙寫活動業配、廣告業配。一開始我都答應了，但後來發現這些事變成了常態，我就劃清了界線。如果我答應了，它就會變成一個重要且緊急的事；如果我拒絕了，這件事對我來說就是不重要且不緊急的事。

其實這樣的事很多，比如朋友、同事約的飯局或者其他形式的聚會。你可以先認眞思考一下，這個聚會必須要去嗎？不去的話後果是什麼？當朋友、同行、同事請你幫忙做事時，先認眞思考一下，我必須做嗎？不做的後果是什麼？

我們一定要學會合理拒絕，劃清界線，不要讓沒有意義的事情隨便占用自己的時間。**重要且緊急的事往往會打亂你的工作節奏，甚至會引發連鎖反應，導致你連續多天的行動清單都受影響**。

學會授權

其實，有很多事雖然重要且緊急，但並不是必須由你來做。社會有分工，職場有協作，團隊有配合。身處於團隊中，我們不能只擅長自己「帶球突破」，而要眼觀六路，積極「傳球」。「傳球」，從某種意義上來說就是授權。

我剛創業時總是一個人單打獨鬥，自己寫原創文章、排版、營運帳號、選擇轉載文章、營運付費會員群等，一個人當好幾個人用。後來我創立了公司，依然喜歡凡事親力親爲，連分類打包發快遞都要自己做。

習慣沒那麼容易改變，這樣持續了一段時間後，有一天，我發現自己實在是太忙了，就開始研究一些時間管理方法，然後找了一張紙，在上面寫下：「巴菲特都比你有時間。」我將它貼在牆上，時刻提醒自己。

授權是我這兩年一直刻意練習的，我終於把給學員寄獎品這件事交出去了，把選擇公衆號轉載文章的事交出去了，把公衆號營運的事也交出去了，最後我把一些寫作項目的素材搜集、整理工作也交出去了。現在同事問我一些事情，我終於可以放心地回一句：「你可以自己決定。」

學會授權後，我有了很多時間。二〇二〇年六月十六日，我開始了我的摩托車旅行，從北京沿海南下，一直騎到廣西柳州，費時兩個月。在這兩個月裡，我每天至少有一半的時間是不工作的，這在以前無法想像。我還要繼續刻意練習授權，因爲我發現很多事都可以授權。

我們每一期寫作訓練營的最後都有一個比稿大賽，每個學員寫一篇長文，最終選出前八名給予獎勵。起初是助教老師和點評嘉賓投票選出十五～二十篇文章給我，我再從中選出前八名，並按名次排序。比稿大賽的評選非常重要，並且一般都是備選文章上午才給我，下午就要出結果，每次都非常緊急。而精讀十五～二十篇文章並對其排名，至少要花費四五個小時，所以這是一件重要、緊急且耗時的事。基本上每期結營那天的一整個下午，我都被綁在這件事上，無法處理其他工作。

我深刻地反省自己，認爲自己本質上還是不敢放權，再往後推就是過於相信自己，不夠信任助教老師和點評嘉賓。所以，第十四期訓練營結營時，我把這個工作交給班級導師和助教老師來做。

班導師問我爲什麼要改變形式，我說：「我選擇相信所有老師的投票結果，這樣應該比以我個人的喜好來判斷更準確，以後都按老師們的投票確定名次並頒獎吧。」這樣一個授權動作就是在積極「傳球」，給助教老師和點評嘉賓更多本該屬於他們的責任和權利。就這樣，寫作訓練營從十四期到現在的二十四期，比稿大賽一樣很順利，甚至要比之前好得多。不管是在工作中還是在生活中，我們都要多看看在重要且緊急的事中，哪些是可以授權給別人的。切記，**授權並不是推卸責任、逃避工作，更多時候我們可以透過授權實現多贏：別人得到更多的鍛鍊機會，你也節省下更多時間，團隊協作實現整體效率最優。**

學會放棄

時間管理也是管理，管理的核心永遠離不開一個詞：放棄。我們想做的事太多，不斷地拆解任務，直到把每日待辦清單列得滿滿的，並且都是重要且緊急的事。然後每天像個機器一樣運轉，還經常被一些突然發生的事打亂節奏。而且常常由於待辦清單的彈性差，牽一髮而動全身，一天的節奏被打亂，後面每天的每日待辦清單都會受影響。所以，我們必須學會放棄，讓每日待辦清單有彈性，每天都預留一些空白時間。

第一種，預先放棄，這最需要智慧

預先放棄就是壓根不讓事情進入每日待辦清單，其效果跟學會拒絕一樣，不過它更需要智慧，因爲要放棄的東西通常是很誘人的。

在《大人的十一堂寫作課》出版時，出版社希望我能夠多參加一些線下演講簽售活動。我去了廈門十點書店，去了吳曉波讀書會濟南站，去了樊登讀書會北京分會，每一場活動都辦得很好，現場氛圍也很好，跟大家的交流也很愉快，這對增強我個人的影響力很有好處。但後面我很快放棄了繼續參加類似的活動，因爲每參加一次這樣的活動，就會出現以下一連串的重要且緊急的事，舉例如下：

三月五日，根據主辦方需求確定分享主題和大綱。

三月十日，提交現場分享PPT。

三月十四日，抵達該城市。

三月十五日，提前到現場做測試，正式進行現場分享與簽售等。

三月十五日，晚上飛回北京。

在這個過程中還會花費一些零碎的時間，比如前期溝通、確認海報、修改PPT、訂機票飯店等。出版新書、演講簽售，這些事情很有價值。放棄這些事情的前提是明確自己的長期規劃，知道自己有更重要的事要做。

第二種，臨時放棄，保全局，這需要勇氣

臨時放棄就是事情已經出現在你的每日待辦清單中了，重要且緊急，但你整體的執行遇到了困難，你需要透過放棄它來保全局。

開始準備「時間管理」課程是在二〇二〇年八月下旬，那時我每天還要有條不紊地推進每日待辦清單上的事情。但在八月二十四日，我由於操作不當，導致我的摩托車排氣管

著火，防凍液爆了，我的腿和腳發生嚴重燙傷，需要治療一個多月，前期需要住院兩週。

當天晚上我意識到接下來我的工作時間會減少很多，工作效率也會降低，這會導致我的很多計畫被打亂。我的計畫已經列到了十月中旬，牽一髮而動全身。

怎麼辦？這時候要學會放棄。我發現日程表顯示九月五～七日我要參加一個商學院的線下課程。我決定如果在九月三日之前，我不能順利調整好計畫，我就放棄參加這三天的線下課程，這樣省出來的時間足夠我把前面未完成的計畫補完。但放棄這樣的事需要勇氣，一是課程品質很高，二是課程費就打水漂了。不過放棄它可以保全局，也是值得的。由於突發事件打亂整個待辦清單的推進，這樣的情況其實經常發生，透過放棄一些事保證整體計畫的順利推進是一種很好的方法。那麼，具體要放棄哪些事呢？

放棄相對獨立的事情，而非會對其他事情造成影響的事。

放棄關乎自己利益的事，而非關乎公司、朋友、合作夥伴利益的事。

放棄相對耗時的事情，而非短時間內可以完成的事。

TIME MANAGEMENT

第五節

阻斷無意義
如何大量減少不重要且不緊急的事？

王爾德說，很多人覺得自己活在世上，實際上只是在世上，並沒有怎麼活。如果把過去一年每天的時間消費記錄下來，分析完就會發現，我們可能把很大一部分時間花在了沒有意義的事上。

二〇二〇年八月，我深感自己的作息習慣對健康和工作構成了越來越大的威脅。我決心改變，於是制訂了一個計畫：每天六點起床，寫作兩小時。十天後復盤時發現，我幾乎沒有一天將該計畫執行到位。因爲如果六點起床，我得晚上十一點前睡覺，而我每天要做的事太多，大多都要到凌晨一點才能休息，那自然做不到六點起床。

所以，後來我每天都在做的一件事就是不斷「做減法」。我們每個人每天都會做很多緊急但不重要的事和不重要且不緊急的事，如果有些事不做也沒關係，那就堅決不做。**如果你能大量減少每天的不重要且不緊急的事，你的時間將變得充裕，你的生活和工作很快**

就會發生積極的改變。

但不做「不重要且不緊急的事」實在太難了，因爲很多「不重要且不緊急的事」易做，不費腦力，還常常能讓你開心。那怎麼辦呢？我們不能直接解決，要間接阻斷。

一級阻斷：減少做不重要且不緊急的事的現實條件

很多事你想做，也很容易做，你可能就會隨手做，那我們可不可以把它們變得不容易做？我們經常查看各種社交應用軟體，經常在工作空檔或者吃午餐、睡前等時間段看綜藝節目、追劇，都是因爲這些事太容易做了。

大部分人的手機裡都裝了五六十個甚至上百個App。我們可以認眞篩選一遍，哪些是眞正有意義的，哪些是在浪費時間的。當你移除浪費時間的App時，你會發現，移除掉它們，人生眞的不會因此錯過什麼。如果你控制不住自己玩手遊的時間和頻率，更要移除遊戲類App。畢竟遊戲設計的一大底層邏輯就是讓玩家上癮，一個不能讓你上癮的遊戲，你是不會喜歡的。

有些App我們常用，不能移除，但是也一定要記得，它是工具，你是主人，是你要用它的時候去找它，而不是讓它每天找你。這是什麼意思呢？比如一些App經常會推播通知，許多人收到通知時，都會忍不住點進去看一眼，這樣無形中就浪費了一些時間。所以現在打開你的手機設置，把不重要的App的推播通知關閉，你並不會因此錯過什麼。

很多人提到財富就想到錢，大家也都喜歡說「智商稅」。如果我們能明白，時間是財富裡更重要的品類，就不難發現比「智商稅」更高的是「時間稅」。如果我們不珍視自己的時間，那注定是要交「時間稅」的，尤其是在新媒體時代，各大App鎖定的都是我們的時間，想吸引我們的注意力。我們透過這些App，不斷地消耗自己的時間和精力。現在各類手機App已經成爲現代人的「第一時間殺手」。

減少現實條件這個阻斷方法可以用在很多事情上，比如想減肥就不買零食放在辦公室和家裡，想戒掉遊戲就不買遊戲機，而不是買了之後克制地玩。檢查一下自己過去的時間消費記錄，看看哪些事情可以透過減少現實條件來阻斷。

二級阻斷：有清晰的每日待辦清單，從執行上阻斷

你有沒有一個每日待辦清單，上面列滿了當天你要做的事，而且大部分都標明了時間點？我有，所以我很難去做不重要且不緊急的事。

我每天醒來就開始按照每日待辦清單做事，做完一件就劃掉，繼續做下一件，所以我無法隨心所欲地滑手機、看短影音。每日待辦清單對我有很強的束縛作用，一旦我不按時完成，就會觸發連鎖反應。因此，那些不重要且不緊急的事很容易在執行上被阻斷。

很多人之所以常常做這些事，是因為真的有時間。當我們有清晰的每日待辦清單後，會在無形中提高做事的門檻，當你想做這些事時，你會馬上打開你的每日待辦清單看，然後問自己：這件事重要嗎？我有時間做嗎？這樣就阻斷了很多不重要且不緊急的事。如果你還沒有養成列每日待辦清單的習慣，那要抓緊培養了。

三級阻斷：每個階段都有明確的目標，從戰略上阻斷

從戰略上阻斷是更高級的阻斷方式。一個沒有目標的人，不知道自己想要什麼的人，就會極其容易陷入「不重要且不緊急的事」的泥潭，雖然每天看起來很忙碌，卻是碌碌無爲。那些目標明確且具體的人知道目標對自己來說意味著什麼，知道完成目標給自己帶來的價值、意義和回報，他們清楚地知道當下應該做什麼、不應該做什麼。最終面對那些不重要且不緊急的事時，他們不用克制自己，因爲那些事對他們來說毫無吸引力。他們不屑於做那些事，他們滿腦子想的都是做最重要的事，實現目標。

我在練習新媒體寫作的初期就制定了清晰的目標——我要成爲科技創投領域最好的熱點「爆文」寫手。有了清晰的目標後，看綜藝節目、看電影、逛街、參加飯局和聚會這些事，對我就不再具有吸引力了。我在週末可以拒絕很多事情，只關注科技創投領域發生的新聞大事，並持續思考：哪一個值得寫，哪一個有機會寫成「爆款」。

此刻的我也有一個很明確的目標，就是寫一本很實用的關於時間管理的書，以幫助更多人解決這個人生難題。所以我每天早上六點多起床，做的第一件事就是寫作，每天如

此，一直到我寫完的那天。我把早上最好的時間，留給了我這個階段最想做成的事。

所以，一定要學會給自己定目標。知道自己想要什麼，知道自己一定要什麼，然後制訂計畫，並付諸行動，不給不重要且不緊急的事留時間。

我建議每個人將這三種阻斷方法同時使用。**雖然「道」有用，但人畢竟也有動物性，不可能時刻做到絕對自律；雖然「術」有用，但人最終不是為了做而做，否則時間久了就不知道為何而做。所以，「術道結合」，方能無懈可擊。**

TIME MANAGEMENT

第六節

做時間智者 如何管理不屬於自己的時間？

我們都明白，其實很多時間不是完全屬於自己的。但公平的是，我們也可以使用別人的時間。接下來我們一起學習如何管理不屬於自己的時間，以及如何管理別人的時間。這些內容主要聚焦於職場情景，當然也適用於其他場景。

如何管理不屬於自己的時間？

我們分別從員工和管理者兩種身分來分析。

員工如何管理不屬於自己的時間？

我們很多人在職場中的角色是普通員工，那就意味著每個工作日我們至少要工作八小時。在這個過程中，我們怎麼管理這些時間？

1. 認真評估任務，安排適當的時間和工作量：作爲員工，我們在職場中的大部分時間裡都在爲公司完成工作任務、達成目標。

當我們接到一個任務時，一定要透過認眞考慮其工作量和難度，來確定完成時間。很多人在職場中之所以無法按時完成任務，就是因爲事前沒有認眞做好評估。明明一項工作在主管提議的時間內完成有很大難度，但是沒有經過正確評估就一口答應，導致最後無法按時保質保量地完成任務。

這裡需要注意一點，上文提到的認眞評估不是指要拒絕這個任務，而是指如果你在執行任務的過程中，遇到了困難或者發覺有很大機率不能按時保質保量地完成，一定要與主管提前溝通，千萬不要等到該提交成果的時候，才說自己沒做完。

2. 把不需要馬上做的事情存入待辦清單進行統一安排：在職場上，主管是不太可能配合下屬工作的。換句話說，主管不會根據員工的時間來安排自己的工作。但是我們自己要知道，這些事情並不都是需要馬上完成的。我們要從自己的角度考慮，如果每次主管一安排工作你就馬上去做，就會不停地打斷自己正在做的事情。

接到任務時，首先要確定好截止時間，對於不需要馬上完成的事情，先存入待辦清單，再統一進行安排。

3. **合理拒絕同事的求助**：員工稍微多一點的公司，跨部門的協作就會比較多，很容易出現同事之間互相求助的情況。但有些人一遇到問題就喜歡找別人幫忙，甚至明明他有時間、有能力完成，還是習慣把工作推給其他人。遇到這種人，我們要學會用委婉或直接的方式合理拒絕，避免浪費自己太多時間。

4. **積極主動溝通任務進度，必要時可以求助**：在職場中一定要學會主動彙報。當你執行一個任務，尤其是週期比較長的任務，如果在這個過程中你沒有及時彙報，主管就不知道你完成多少了，有沒有什麼困難，完成的品質怎麼樣。主管什麼都不知道，就無法從宏觀的角度把控專案。我們要主動彙報、主動溝通，讓主管清楚地知道專案的工作進度。

這裡要強調一個詞——主動。一方面，不同的主管領導風格不一樣，有的主管不喜歡主動去問，但並不代表他不需要知道，你主動向他彙報，他可能也會認爲你彙報的事很重要；另一方面，絕大多數時候主管都很忙，他要跟進的專案比較多，有時候會顧不上去問進度。基於這兩點原因，主動溝通很重要。

另外，在自己遇到困難、瓶頸，甚至可能無法按時完成任務的時候，一定要求助，並且提前說明情況。

職場中很多人在不能按時完成工作的時候，總喜歡拖到最後才說。這樣就很容易耽誤事情，還可能會給主管留下不可靠的印象。你沒有提前溝通，主管就預期你能按時完成，結果到了提交時間，你完成不了，那很可能就會影響接下來的工作進度。如果你提前跟主管溝通，向主管求助，結果可能就不一樣了。或許求助後主管有辦法幫你解決，比如增加人力幫你按時完成或者幫你協調一個新的提交時間等。

這裡再補充一點，很多人不願意主動溝通，可能是因爲怕給別人添麻煩。但是事實上你到最後才說，才是給別人添麻煩。如果提前溝通，就還有補救的機會。

5. 一定要學會建立自己的工作流程： 我們每個人在職場中做的事情，通常有很大一部分是重複性工作。在這種情況下，爲了提高效率，我們要學會不斷地梳理自己的工作，建立工作流程，並且不斷優化這個流程。

流程就是用來提高效率的。我們如果清楚地知道做一件事情有哪些步驟、每一步怎麼做、有哪些更好的做法以及前後如何銜接等，就會做得更快。

6. 用較少的時間完成簡單重複的工作，用更多的時間做關鍵的事情： 這是我們在時間管理上的一個戰略性問題。每一個員工在自己的工作崗位上都會做很多簡單重複的工作。爲這種工作投入較多時間則性價比不高，因爲它往往不能讓我們成長，所以花更少時間和花更多時間做完這些工作，結果其實是差不多的。

我們要學會區分一項工作是不是關鍵點、關鍵事件或者影響成敗的核心工作等。如果不是，只是簡單重複的工作，就要以較少的時間做完，留下更多時間來抓主要矛盾、解決核心問題。不能平均利用時間，要有主次之分，我們要把大多數時間和精力用在更重要的事情上。

管理者如何管理不屬於自己的時間？

如果你是管理階級，那你的時間可以完全屬於自己嗎？答案是不可以。你的同事需要你，你的下屬需要你，其他部門的人也需要你，所以管理者同樣需要管理不屬於自己的時間。但是一般來說，管理者在這方面比普通員工更有優勢。

1. 儘可能做再分配，而非親自執行：假設你所在的公司有銷售部門、營運部門、設計部門等，可能每個部門都會有一些事情需要你的協助，在這種情況下很多管理者會忍不住親自去做，因爲自己擅長並且也有時間去做，所以就變成了任何事情都由管理者親力親爲。

但是作爲管理者，你應該更好地利用不屬於自己的時間，把一項工作進行再分配，儘可能地避免親自執行。

2. 固定「出售」自己的時間：假設你是一個老闆，那麼肯定有很多人需要你的時間。比如雷軍，各個部門必然有很多文件需要他簽名，有很多決策需要他同意。越多人需要你的時間，你越要學會固定「出售」自己的時間。

比如，你可以要求公司所有人都這樣做：如果需要找你討論或者彙報工作，統一安排在每天上午的十～十二點，除非有特別緊急的事情，否則在其他時間不要找你。這樣大家就會各自安排好自己的時間，如果要找你，無論是提前預約還是臨時有事，大多會集中在這個時間範圍內。

這樣你就儘可能地把自己的時間完整化了。如果不這樣做，可能你的一天會被切割得支離破碎，完全沒有整段的時間可以利用。而作爲管理者，你往往需要大量整段的時間去思考戰略性和規劃性問題。

所以，管理者一定要學會固定「出售」自己的時間，給自己留出整段的時間。

如何管理別人的時間？

我們還是分別從員工和管理者兩個角度來講。

員工如何管理別人的時間？

即便是員工，我們也要學會管理別人的時間，這個「別人」可能是其他同事，也可能是主管。

1. **提前預約**：在職場中有一種行爲不受大家喜歡——即時找別人協助。這是什麼意思？例如，你五點找一位同事讓他協助你做某件事，並要求這位同事五點馬上開始做這件事。這種行爲之所以被討厭，是因爲你打亂了其他同事的工作節奏。所以，無論是對你的上司還是同事，找別人協助都要提前預約，這是對別人的尊重。

2. **預約時明確告知占用時長**：這樣能讓別人更好地規劃時間。比如你想跟同事預約明天上午進行討論，可以在前一天跟對方溝通：「我明天上午十點想跟你討論關於某件事情的某個問題，大概需要二十～三十分鐘。」這樣既提前預約了，又給了對方確定的資訊。在大多數的情況下對方都會留出這段時間給你，然後更好地安排其他時間。

如果沒有明確告知占用時長，可能會出現的情況是：你有比較複雜的事情，需要占用別人很多時間，但因爲你沒有提前告知，別人只預留了十分鐘的時間給你；或者本來是一件很簡單的事，只需要十分鐘就能搞定，但是別人預留了一小時的時間。無論是哪種情況，其實你都耽誤了別人的時間。

3. **學會積極爭取別人的時間**：在職場中，我們每一個人都不是獨立完成任務，很多時候我們負責的只是某個任務的其中一環，在完成任務的過程中，我們需要別人的配合和支援。在這種情況下，需要你積極爭取別人的時間。

一定要學會積極爭取別人的時間。在職場裡不善於溝通、不善於爭取的人比較吃虧。因爲主管的時間有限，但是需要他們幫助的人很多，你不去積極爭取，他們很有可能會忽略你。同樣地，如果你的一項工作需要某個同事協助，你不去努力爭取，他可能只會協助他人。

假設你的公司裡有一個設計師，各個部門的人都需要找這個設計師設計圖片，如果你有需要但又不積極爭取，可能他每次都會優先處理積極爭取的人的事情，你的工作很可能無法及時推進。

管理別人的時間，需要你在職場中積極主動。

管理者如何管理別人的時間？

管理者管理別人的時間，主要是爲了更好地完成任務、達成目標。

1. **合理評估目標任務，制定推進時間表**：如果你是一個公司主管，負責一個專案，那你要做的第一件事，就是合理評估目標任務，制定推進時間表。假設這個專案需要一個月的時間，那麼你要確定執行週期，如具體從哪一天開始，到哪一天結束，在哪個點需要做到什麼程度等，這樣就可以幫助你從整體上把控整個項目的進度。

2. **統一講解任務，分配任務落實到人**：首先，一定要統一講解，不要分別進行。因爲專案需要大家協作完成。實際執行的時候，很多時候在某個節點上，需要第一個人做完，第二個人才能跟上，或者需要幾個人共同配合，一起完成。

其次，統一講解的過程也是分配任務的過程，這時候管理者切記一定要落實到人，尤其是在專案涉及的人比較多的時候。不同的人負責不同的事情，如果沒有落實到人，那麼最後可能出現的情況就是：每個人都不覺得自己應該對這部分工作負責。

3. **確認任務和時間，達成共識**：當你把推進時間表做好了，並且進行了統一講解，分配了任務並落實到人了，這時候你一定要確保每個人都對自己的任務和時間安排非常明確，並且認同這個安排，也就是大家達成了共識。如果有需要調整的地方，可以大家一起商量調整。

4.把控進度，保證任務按時完成：實際上管理者才是任務的最終負責人。假設你是這個項目的負責人，項目如果做得不好，責任肯定在你。如果你彙報的時候，總說是下屬沒做好，那就會讓人認爲是你沒有管理好員工，沒有做好管理和把關。

作爲管理者，一定要時常檢查進度，保證任務按時完成，這就需要做到以下兩點。

第一，要按時接收彙報。在分配任務、達成共識這個階段，你要告知執行任務的人，需要在哪些時間點向你彙報。到了約定的時間點，你要按時接收彙報，如果對方沒有來找你，你就要去找他。

第二，要及時主動瞭解情況。你要時不時地問一下進展、有沒有遇到困難、需不需要幫助等，可進行提醒、督促、指導、增加人力和資源等，這樣才能更好地推進專案。

好的管理者應該協助下屬按時保質保量地完成任務，而不是眼睜睜地看著下屬完成不了後再去批評他。

第 5 章

計畫執行

堅決實踐，過可控人生

TIME MANAGEMENT

第一節

做計畫

沒有計畫清單，就沒有時間管理

有一天，兩位出版社的編輯和我聊這本書的出版建議。其中一位編輯說：「你這本書看起來不太像傳統的闡述時間管理的書。我們認知中的時間管理書，是講番茄工作法、早睡早起的方法的書。」我說：「這其實正是我寫這本書的原因，許多時間管理書都只講微觀或者短週期的時間管理，比如怎麼集中注意力，怎麼早睡早起，怎麼合理分配今天的時間。如果只是做到這些，人生好像也不會有太大的變化。」

從長週期調控進入短週期實踐

時間管理首先應該從宏觀的或者長週期的時間管理來講，比如用一～三年循序漸進地改變現狀，讓人生擁有更多的可能。

因此，我們首先應該解決長週期的時間管理問題，其次再解決微觀的或短週期的時間管理問題。在本章，我們將學習如何堅決執行計畫，以天爲單位落實計畫，最終過可控的人生。我們要透過掌控每一天，讓時間管理從長週期調控進入短週期實踐。當然，無論是長週期調控還是短週期的實踐，都需要在不同的階段不斷調整、優化，而非一個策略貫穿始終。

沒有計畫清單，就沒有時間管理

衆所周知，時間管理的前提是明確目標。計畫清單是爲目標服務的，是從目標倒推出來的。時間的流動方向比時間的流逝速度更能決定人生，而目標決定了時間的流動方向。這是宏觀的、長週期的時間管理。

那麼，在微觀的、短週期的時間管理上，如何才能確保時間的流動方向可控呢？答案就是規劃一條具體的時間流逝路徑。假設有十個人站在泰山腳下，他們的目標是相同的，都是在四小時後登頂。他們雖然同樣是在泰山腳下，但可能所處位置不同，分布在東西南北各處；可能身體條件不同，有人是壯年，有人是少年；可能掌握的資訊不同，有人只知道一條路線，有人知道五條路線，還有人暫時不知道路線；可能預估完成目標所用時間不同，有人認爲兩小時後再出發也來得及，有人認爲馬上出發都有可能來不及。

我用了一個具體的例子說明了，就算幾個人的目標相同，時間箭頭指向的方向相同，時間流逝路徑也未必相同，因爲實現目標的主體——人是不同的，每個人都是獨一無二的。製作計畫清單就相當於規劃一條實現目標的具體路徑，這樣能更可控地管理時間的流動方向。在這種情況下，對於任何一個目標，你都需要瞭解每月、每週甚至每天要做什麼，以及每一個時間點應該達到什麼程度。

十二月三十一日離職，是一個具體的、限時的目標，離職計畫清單就是一條實現路徑。二〇二〇年下半年要生第二胎，是一個具體的、限時的目標，第二胎計畫清單就是一條實現路徑。如果沒有計畫清單，你可能很難管理好時間的流動方向，導致無法完成目標或者完成得很差。

《與成功有約：高效能人士的七個習慣》中寫到：「任何事情都是先在頭腦中構思，也就是智力上的第一次創造，然後再付諸實踐，也就是體力上的第二次創造。」其實在第一次和第二次創造之間，還有第一．五次創造，那就是把頭腦中的第一次創造落實到紙面上，形成計畫清單，讓創造視覺化。

第一．五次創造能確認第一次創造的完成度。如果不進行第一．五次創造，很多人會以爲第一次創造，也就是在頭腦中的構思是清晰的、完整的、合理的、可靠的，但當你進行第一．五次創造時，你可能會發現不是，頭腦中的構思可能是相對模糊的、不完整的、不夠合理的，甚至不可靠的。所以，你一定要製作計畫清單。

計畫是一場「永遠未完成」的「不完美藝術」

計畫是很難實現的，對嗎？確實，所以很多人就不制訂計畫了。還有一些人只意識到要列工作計畫清單，這是不夠的。我們一定要牢記：每個人只有一條時間流。

如果你只列工作計畫清單，就相當於你只把工作目標和任務放在這條時間流裡，這就可能導致你把工作目標和任務看得很重，卻忽略了其他瑣事也都會沖進這唯一的時間流裡。這就會出現兩種情況：一種是除了工作其他什麼也幹不了，另一種是工作計畫因爲其他事情而擱淺。

所以你要知道，計畫清單應該涉及你人生的方方面面，除了列工作計畫清單，你還要列運動計畫清單、早睡早起計畫清單、旅行計畫清單、讀書計畫清單、學習進修計畫清單、副業計畫清單等。

所有事都是在唯一的時間流裡，爭奪有限的時間。做到這一點後你就會明白，貪心是計畫很難完成的重要原因之一。在絕對有限的時間裡，我們總是試圖完成更多的計畫。所以我們要學會取捨。因爲**計畫永遠都是一場「未完成」的「不完美藝術」，無法百分之百地執行。**

在制訂和執行計畫時，一定要杜絕以下兩種極端思想。

極端一：計畫要完美地執行，要不然前面的努力就白費了。

極端二：要是不能每天制訂計畫，就乾脆不制訂計畫。

很多人存在這兩種極端思想，是因爲他們沒有認識到人生是一種不完美的藝術，更何況計畫呢？不能完美地執行計畫是常態，沒有人能按照計畫過完一生。

不能每天制訂計畫也是合理的，但不斷制訂計畫，一定比完全不制訂計畫好。計畫本身就有「永遠未完成」的特質，沒有人能制訂一份百年人生計畫，甚至對大多數人來說，制訂一份可靠的三五年計畫都特別難。個體的脆弱性、不穩定性、多變性決定了個體本身就不適合制訂過於長久的計畫，而應該持續制訂計畫。

TIME MANAGEMENT

第二節

計畫分解

日計畫、週計畫、月計畫、年計畫

日計畫、週計畫、月計畫、年計畫，基本上是每個人必須要制訂的。在具體展開闡述之前，我先強調以下幾點。

計畫不用列得很完美、很合理、很可靠，可行就行。

計畫不用列得很精緻，自己能看懂就行。

計畫不用執行得很完美，越長期的計畫越是如此。

做不到每天列計畫也沒關係。

計畫列好了可以經常改，改到面目全非也沒關係。

看完這五點，是不是感覺輕鬆點了？正如前文提到的，時間管理不是違背人性的，不會讓大家變成一臺按程式運行的機器。我見過很多優秀的人，他們的計畫也符合上面這五點。

日計畫

日計畫，就是以日為單位填充待辦清單，分以下兩種填充方式。

第一種：填充明天。

第二種：填充其他時候。

先說「填充明天」。為什麼不是填充今天？因為今天是用來執行計畫的。什麼時候填充呢？或許很多人會告訴你是前一天晚上，其實應該是今天隨時填充。比如我今天早上想到明天要做的一件事，填上；同事、老闆交給我一件事，要求明天下午五點前完成，我接收到的時候就馬上填上。這樣到晚上時就填得差不多了，晚上可以花五分鐘過一遍，瞭解一下明天要完成的事。當然，晚上你也要把常規的、固定要做的事填充到明天的待辦清單中。

再說「填充其他時候」。每天要做的事，絕對不是只能在前一天填充進待辦清單，很多事可能在一週前、一個月前就填充進去了。比如說我在四月初就將很多事填充在五月底了。這是怎麼塡充的？一些是將已有的長期任務拆分後塡進去的，比如同事提出了四月、五月的直播需求，我瞭解後就會馬上塡充到相應日子的待辦清單中。另一些是將還未開始的任務進行拆分，這些一般是重要但不緊急的事，拆分好後塡到相應的日子裡提前占位，執行的日期可能會前移或後推，但因爲提前占位，所以完成的機率就非常大。

在列日計畫的時候，不用分太多欄，因爲只有一條時間流，不管是工作的事，還是生活的事，都是在同一條時間流裡競爭。日計畫中的事情簡單分爲以下兩類就行。

一類是必須完成的事——無論如何都要完成的事。

另一類是不緊急但重要的事——儘可能去做，但實在無法完成可以向後推的事。

我每天要做的就這兩類事，比如週一到週五每天寫完一節時間管理課，是最近必須完成的事，如果向同事、合作夥伴做了承諾，約定今天完成，就沒得商量。如果我今天想重新剪輯影音號的第一條長影片，用來推廣時間管理課，但由於時間有限，因此我可以將這件重要的事往後推。

制訂日計畫有一點很重要，你要很清楚當天有沒有會占用大段時間的必須要完成的事，如果有，就要評估一下用時，不要在一天裡同時安排好幾件這樣的事情，或者不要在安排了一件這樣的事情後，還計畫做很多其他事。早上開始做事後先想一下，今天那件大事什麼時候開始做，大概什麼時候能做完，這樣可以把控一天的時間。

週計畫

日計畫是一系列待辦事項，不容易再拆分，可以直接做。週計畫裡則要制定幾個小目標，因爲以週爲單位，時間較短，通常不會細分成動作，因爲一旦細分成動作，就可以直接寫到相應的日計畫裡了。

下面是我三月最後一週的週計畫。

必須完成的事：

製作第二條推廣時間管理課的長影片。

盡最大可能完成的事：

1. 制定時間管理課四～五月的推廣策略和銷售目標；

2. 完成三月的公司財務分析。

我解釋一下，一週內必須完成的事並非只有那一件，只是其他的沒必要填入週計畫，因爲它們直接被填入相應的日計畫裡了。比如哪天要完成時間管理課的第幾節，哪天要做訓練營的哪場直播。所以在週計畫中，我只需要列出新的且必須完成的事。一般來說，這類事不宜太多，每週一～三件即可。

盡最大可能完成的事不是說不完成也行，而是完成了當然很好，但爲了完成必須完成的事，這週可以暫時不完成這類事。不過如果在這週無法完成，有些事情就可能會在下週或下下週變成必須完成的事。

週計畫在什麼時候填充呢？答案依然不是在這週日填充好下一週的計畫，而是在這一週中，根據自己的思考和對未來的規劃，隨時填充。比如我這週二就決定好了下週要做的最重要的幾件事，那我就可以將這幾件事直接填充進下週計畫中。週日的時候，可以再確認、梳理一下，但不能等到週日再填。

週計畫一定有一部分是從月計畫中拆分出來的。比如我四月計畫銷售出四千五百多份時間管理課，這個計畫就一定會拆分出幾個小任務。我可以將這幾個小任務分別填充到四月不同週的週計畫裡，比如哪一週要完成一篇新業配，哪一週要製作一條用來推廣的長影片，哪一週要思考一下新的行銷策略。

週計畫也一定有一部分是你根據未來的規劃或新目標而列出的。比如本來這週是沒有製作長影音推廣時間管理課這個任務的，但因爲課程的銷售目標調整了，上週臨時決定要做這件事。這就是計畫的機動性，它經常變，但沒關係，我們的目的是做成事，而不是非要一板一眼地按預先的計畫執行。

月計畫

月計畫一般包含兩點：關鍵目標和關鍵事項。

比如二〇二一年四月，我有一個關鍵目標：銷售出四千五百份時間管理課。每個月儘量只列一～兩個關鍵目標，集中時間、精力和資源，實現關鍵目標。有的月份可能沒有特別重要的事，則可以多列幾個關鍵目標。假設六月沒有重大又耗時的關鍵目標，我可能會把降低體脂率作爲關鍵目標。

關鍵事項可以有多個，這些事可能比較重要，但算不上目標，也不需要耗費很多時間。比如我四月的關鍵事項是跟設計師一起提升公眾號的個人品牌感，進行時間管理課的延伸開發，和內容組開一次資料分析會。

從月計畫開始，因爲週期變長了，所以計畫的清晰性、準確性、可行性都會不如週計畫、日計畫，執行過程中也會有很多變化，但沒關係。每次列月計畫，尤其是提前列下個月計畫時，不用非得逼自己想得特別清楚明確，可以先勾勒一個大致輪廓，隨著時間推移、想法改變、現實情況變化，你可以隨時修改計畫。需要列出相對清晰明確的計畫的時間點是每個月的月末。這時候就要深思熟慮，評估好可行性，預想好完成度，拆解出一些關鍵目標和任務塡入週計畫，在執行時要儘可能做到。

關於月計畫、週計畫的記錄方式，我也有一些自己的小方法。比如，將月計畫放在計畫本開頭的前十二頁，每個月計畫占一頁，而週計畫則放在每個月一號的日計畫之前，一週一頁。當然你也可以單獨用一個計畫本寫月計畫和週計畫，用一個計畫本寫日計畫。這樣做是爲了增強計畫的連續性，同時也是爲了在執行過程中能夠不斷根據前面的計畫優化後面的計畫。

年計畫

年計畫最難列，但也最重要。

年計畫最難列，是因爲一年的時間太長了，中間的變數太多了。比如你所在的公司要進行戰略調整，行業遭遇黑天鵝事件；你的認知、想法、觀念發生改變，你的興趣發生轉移……即使很多事情沒有發生那麼多的變化，年計畫的制訂也是困難的，因爲週期越長，我們合理規劃的能力就越弱。

年計畫最重要，是因爲無論是技能的提升、事業的發展，還是認知的優化、人生的重大選擇，都需要我們以年爲單位來規劃。如果不好好規劃，這一年過去後，可能仍然沒有大的改變。

在制訂年計畫時，切忌把它當作一個固定任務去應付。我知道很多人都是在一年快結束的時候才開始制訂下一年的計畫，這其實是不合適的。因爲它太重要了，所以你三不五時就應該好好思考一下，明年要做什麼，要做到什麼程度。比如現在是四月，但我已經開始思考明年要做什麼了，當我覺得某個想法相對合理時，我就會寫下來，並不停地這樣做。這些計畫過段時間可能會被重新檢視，也可能會被推翻，也可能會更加穩固。

同樣值得注意的是，有些人可能覺得年計畫就應該在上一年的年末或者新年開始時制訂完美，其實不是。如果一月時你覺得年計畫制訂得不夠好，你可以在二月甚至三月時繼續完善，慢慢調整。

比如我的年計畫是寫三門課，但就在今年三月底，我反覆思考我為什麼要淪為不停出新課的寫作機器，難道不應該一年做好一門課，並把它打造成精品課程嗎？所以，我的年計畫就變成了先把時間管理課做到最好。

年計畫要包含哪些內容呢？答案就是年計畫中應包含核心目標、突破目標、基本目標、變化目標。每個人都應該有一兩個核心目標，不能多，但也不能沒有。

我作為一間公司創始人，我的核心目標就跟公司營收發展相關。此外，我還制定了兩個突破目標：一個是今年在影片內容上要實現一定的轉型突破；另一個是我的新書的銷量要努力超過前兩本，超過十萬冊。

基本目標很好理解，公司的發展是有連續性的，有些固定收入的管道要穩住。比如對於我的公眾號廣告收入，我每年都會制定基本目標。變化目標中的「變化」是指你刻意引入的變化，是在新的一年裡你想獲得的比較重要的變化。比如你可以計畫一下，到底要不要換城市生活，要不要轉行，要不要換公司。

每年制訂年計畫時，可以從事業、生活、家庭、情感、人際關系、身體等不同層面出發。比如我今年有兩個生活方面的計畫，就是堅持早睡早起，堅持減肥。目前這兩個計畫都完成得很好，我基本可以做到每天六點起床，晚上十一點左右睡覺，每個月都在鍛鍊。

制訂年計畫需要注意以下方面。

必須寫，即使只寫個大概也會讓你有個方向。

別列太多，列幾個核心要完成的就行。

最初不用列得很細，也不用急著拆分。

從現在開始，你就要經常想明年的計畫，而現在執行的今年的計畫也要一邊執行一邊優化。

我最後想說兩點：一是很多人會覺得制訂計畫很浪費時間，其實恰恰相反，多花時間制訂計畫，會幫你節省大量時間；二是制訂計畫比做總結更重要，只擅長做總結而不擅長制訂計畫的人，可能只有過去，沒有未來。

TIME MANAGEMENT

第三節

日計畫載體
每日待辦清單的存在價值

人生中最重要的問題歸根結柢是如何更好地度過每一天，所以接下來的內容將圍繞每日待辦清單展開。它太重要了，我們每天都是根據它的指引做事。每日待辦清單的價值是什麼？除了把每天要做的事列出來，它更大的價值體現在以下三點。

一、倒逼我們思考重要但不緊急的事

前文提到過，日計畫不能只填充明天的，還要填充其他時候的。所以我們要持續更新長週期的每日待辦清單。

很多人只規劃當下，不規劃未來。如果不規劃未來，當下就沒有意義，因爲你都不清

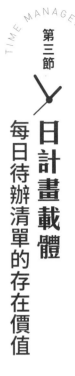

楚自己要抵達何方。所謂長期主義，就是先規劃未來，再倒推當下，這樣才是高級的活在當下的方式。很多人從不思考未來，但未來每天都來，來過卽成昨日，於是日日蹉跎，不見改變。如果現在讓你塡充未來三個月的每日行動清單，你就不得不思考，不得不規劃。

規劃什麼？自然是規劃未來會決定成敗的重要但不緊急的事。因爲未來發生的重要且緊急的事是你無法預見的，所以你只能規劃重要但不緊急的事。使人與人之間拉開差距的就是，你能否從每一天中抽出時間做那些重要但不緊急的事。

比如你想在未來三個月內跳槽，這就是一件重要但不緊急的事，但如果你不制訂計畫，這很可能會是一次預謀很久但草草了事的跳槽，你還是沒能找到合適的工作。如果你提前計畫了，你就知道你在未來的三個月裡，大概哪天需要準備好履歷，第幾週開始投履歷，第幾週要開始面試，要花多少時間深入瞭解公司，然後把這些事情塡入每日待辦清單，按照清單嚴格執行，這樣你有很大機率會有一次完美的跳槽。

又如，你可以挑出三本需要精讀的書，未來每個月讀一本，然後把這件事寫到每日的待辦清單裡，這樣你未來的每一天才可能眞的去做，否則一有任何事與讀書發生衝突，你首先放棄的就是讀書。想要提升能力、學習技能都可以用這種方法。

二、阻斷不重要且不緊急的事

對於重要但不緊急的事，很多人不是不想做，而是沒有時間做，每天的時間都已經被緊急的事占得滿滿的，再也塞不下那些不緊急的事，無論它們重要與否。

如果你事先思考清楚了未來的重要但不緊急的事，你就可以按照前文講過的方法，先給每件重要但不緊急的事設定一個具體的、限時的目標，然後拆分目標，列出具體的任務清單，再拆解任務，列出具體的待辦清單。

最終，你就可以把這些具體動作準確地塡充到每日待辦清單中了，提前占位能有效解決沒時間做的問題。這裡用到的方法同樣是阻斷，當重要但不緊急的事提前占位後，你可能就不會像以前那樣，什麼事都做，什麼忙都幫了。

很多事可能你想做都做不了，因爲時間被占滿了，不重要且不緊急的事根本擠不進你的時間流。爲什麼很多人經常做一些不重要且不緊急的事？就是因爲他的閒置時間沒有計畫，所以這些事便可以趁虛而入。

三、讓大腦處理真正重要的事

一個待辦事項越重要，我們越不應該浪費大腦的資源去記住它。比如，幾天後有一件重要的事情要做，你每天都要提醒自己好幾次。這種記憶就是在浪費大腦資源，越重要的事，越怕忘，浪費的大腦資源越多。用每日待辦清單這個工具，很多事都不用再重複提醒自己，遇到什麼待辦事項，直接記在計畫本裡，每天上班第一件事就是看當天有哪些事要做。一件一件做，做每件事的過程中你可以只想著這一件事，既減少了焦慮，又提高了效率。

借助每日待辦清單我們可以最大程度地節省大腦資源，這樣才能把有限的精力用於思考。大腦就像一臺電腦，硬碟決定了它的儲存空間，記憶體影響著它的運行速度。如果所有資訊都依靠大腦來記憶，就相當於把所有檔案都放在本機硬碟中，這樣可用空間會越來越少，其他高價值資訊就可能會因爲沒有足夠的儲存空間而遺失。

每件事從你決定要做，到澈底做完的過程中，它始終會存在於你的大腦裡，這就相當於電腦同時打開了很多軟體，雖然你看上去沒有做什麼動作，但這些軟體一直占用著記憶體，影響你的操作速度。有了每日待辦清單之後，就相當於給電腦開了雲端共用，把暫時不用的資訊扔到雲端上，占用的是雲端空間，電腦本機硬碟的空間和記憶體都被釋放出來了，運行速度自然會快很多。

有時候大腦是個不可靠的「夥伴」，它只記自己想記的資訊。我們儲存在大腦裡的所有資訊其實都是經過大腦加工的，人們的記憶有時是不可靠的。而每日待辦清單是個沒有感情的工具，你給它什麼，它就接收什麼，不會進行任何處理和加工。借助它我們可以最大程度地降低資訊被遺漏的可能性，不僅如此，它還可以幫你提高工作效率，減少大腦資源的消耗。

TIME MANAGEMENT

第四節

日計畫制訂

製作每日待辦清單的五大要點

每日待辦清單看似簡單，但眞正執行好並不容易。下面跟大家分享一套我實踐出來的方法。

一、預期長度要始終保持至少一個月，並持續填充

每日待辦清單最重要的功能之一是規劃未來，透過提前規劃未來，讓我們更好地活在當下，每一天都有進步。

未來是持續向前滾動的，所以爲了讓每日待辦清單始終有規劃未來的功能，它也需要持續被填充，預期長度要始終保持至少一個月。

每日待辦清單的持續填充，本身也是一項需要我們不斷執行的工作，它永遠無法一勞永逸，需要我們養成持續填充的習慣。

當我們知道未來某天需要做的工作時，我們要及時將其填充進每日待辦清單。我們也要三不五時地思考，未來的哪些重要事情需要定目標、拆任務、做填充，從而不斷更新每日待辦清單。所以我經常告訴自己：要始終規劃好做規劃的時間，做規劃本身就是一項重要的工作，永遠不要節省做規劃的時間。

二、準確標記重要日子並合理填充

每日待辦清單的時間標記一般涉及以下四點。

1. **日期**：也就是幾月幾日，這是最基本的。

2. **星期**：也就是標記當天是星期幾，這個很重要。比如有的公司會在週一或者週五開會，有的會在週末開會，有的人的工作是單休，有的人需要輪班等，標記好星期幾方便你根據現實情況合理填充。

很多人的每日待辦清單基本只包括週一到週五的事情，週六週日的計畫要麼沒有，要麼就被填充得很隨意。一定要注意的是：週六週日的計畫更應該被填充，因爲你工作日的計畫可能大部分都是當天的工作，即使你不填充，大部分工作也會及時做完。而週六週日，大部分人是不用去公司的，這兩天時間屬於自主安排的時間。如果你的自主安排意識差，自我要求不嚴格，很可能會荒廢兩天，一週荒廢兩天，一年就荒廢約一百天。所以一定要填充好週六週日的待辦清單。

3. **節假日**：一年中有很多節日，學生和老師還會有寒暑假。在這些節假日中，你可能會有大段可自由支配的時間。標記好節假日，方便合理地填充節假日每日待辦清單。

一定要注意的是：春節、端午節、國慶日這三個重要的節假日要規劃好。春節是新的一年的開始，你一定要拿出幾天時間來好好規劃一下新的一年要如何度過。端午節屬於上半年到下半年的過渡節點，承上啟下，你可以拿出兩天時間復盤上半年的情況並調整下半年的目標。國慶日屬於一年中最後一個季度的開始，你可以在此時復盤前三個季度的得失，規劃好最後一個季度，在最後幾個月加把勁，努力完成今年的目標和計畫，同時開始想想明年的目標。

4. **重要日子**：比如朋友、家人、伴侶的生日，結婚紀念日，公司聚餐等，這些日子要準確標記。在填充每日待辦事項時要儘可能避開這些日子，否則你可能會在伴侶生日那天安排了大量工作。

三、評估每日可控時間，占位式填充

填充每日待辦清單，最重要的是規劃未來，讓重要的事提前占位。不要以爲只要提前占位了，到時候就一定能執行好，這其實很考驗你的評估能力。你首先要評估在正常情況下，每日可控時間是多少。每個人的每日可控時間是不同的，每個人在不同階段每日可控時間也是不同的。我在服飾店當店員時，週一到週四，做一天休一天，上班時間是早上十點到晚上十點，週五、週六、週日是輪早晚班，每日可控時間不同。我做新媒體編輯時，早上九點上班，下班時間不確定，週末和節假日的每日可控時間不確定，隨時都可能要追熱門話題、寫文章，每日可控時間比較少。我現在自己創業，時間相對自由，可以自主安排，每日可控時間比較多。

可控時間就是你可以自主安排的時間。如果你的每日可控時間只有三小時，但你平均每天提前占位的事情在三小時內做不完，再加上一些突發事件，你在最終執行時可能就是一片混亂。所以，你要先評估每日可控時間，注意週一到週五和週末的區別，注意節假日和重要日子，填充時也要儘量準確地評估完成事情所需的時間，還要留出至少三分之一的彈性時間，比如你的每日可控時間是六小時，你填充的事情所需的完成時間最好不要超過四小時，留出足夠的彈性時間，才能真正完成那件事。

每個人每天只有二十四小時，除去睡覺吃飯的十小時，只剩十四小時，而上班的八小時並不在我們可以自主安排時間的範圍裡，如果再加班一兩個小時，下班後可以自主安排的時間不足五小時，我們大多數人的每日可控時間都是這樣的，但拉開人與人之間的差距的，正是對這些時間的規劃。另外，週末、節假日，也需要進行合理規劃，尤其是週末，它占據了一年中的很大一部分時間。誰能更好地利用週末，誰就能取得更大的成就。

四、堅持每日填充次日的待辦清單，並對工作做優先排序

前面三點體現的是每日待辦清單對未來的規劃功能。這一點主要針對具體執行時每天

工作的規劃，包括了上班的八小時。人與人之間的差距是一天一天拉開的，我們要以天爲單位刻意要求自己成長。因此，我們每天都要堅持對次日的待辦清單進行塡充，盤點第二天需要完成的工作有哪些，每項工作大概占用的時間，需要定時完成的要標好執行時間，不需要定時完成的則要做好優先順序排序，並標好執行序號。這樣每天醒來後我們都可以面對可控的一天時間，做完一件事就劃掉一件，一天結束，工作也全部完成了。

每天的二十四小時，是單條、單向、持續向前的時間流，它沒辦法清晰地劃分出工作時間、生活時間、學習時間、娛樂時間，更沒有所謂的平衡，我們只能做好優先順序排序。時間管理就是把所有的待辦事項一個一個地放在同一條時間流的不同節點上，依次完成。

五、每日有執行記錄區，每週、每月有整體復盤區

很多人的每日計畫只有列待辦事項，這是絕對不夠的。每日待辦清單是你的規劃，是接近現實的設想，但絕對不是現實，在執行時會出現很多變數，如在順序上、時長上等。所以，我們還要忠實於現實。

我的每日計畫是用筆記本記錄的，筆記本對稱的兩頁紙，一頁是待辦清單區，一頁是執行記錄區，這樣方便我不斷對比計畫和現實，以不斷增強計畫的能力，最終提升規劃未來的能力。同時，我還會留出每週、每月的復盤區，定期回看一個小週期的執行狀況，以不斷提高自己的規劃水準和執行水準。

這些就是我親身實踐的製作每日計畫的方法，聽起來很麻煩，每天都要花費時間去填充。但相信我，這絕對不是浪費時間，而是用小時間幹大事情，永遠不要吝嗇做規劃的時間。做規劃就是做管理，對一個公司的CEO來說，最重要的一件事情是花時間做管理，而每個人都是自己人生的CEO，需要花時間做好自我管理。

第五節

日計畫執行

執行每日待辦清單的三大原則

好的規劃是成功執行的一半，這句話的前提是眞的努力執行，沒有執行，再好的規劃也沒用。所以，我們一定要懂得什麼是「好的執行」。曾經我以爲自己是不會執行的人，因爲我在執行過程中會不斷出現問題，但後來我發現我比大多數人都擅長執行，因爲我制定的大多數目標幾乎都透過規劃和努力執行做到了。什麼是好的執行？最終達成目標，就是好的執行。

一、按優先順序循序執行，不必完全今日事今日畢

今日事今日畢，很多人經常聽到這句話，也將其奉爲行事準則。也有很多人在常常做

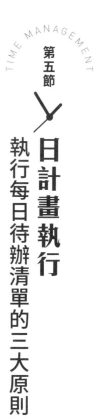

不到後就產生挫敗感，以至於沒多久就放棄製作每日待辦清單。其實，不必完全今日事今日畢。做規劃的意義是什麼？是讓每天可控，最終完成長期目標。可控的意思就包括今天完成不了沒事，可以明天補上，甚至可以後天補上。好的規劃，一定要有彈性。

這就像開一家奶茶店，計畫這個月營業額達到三十萬人民幣，平均每天要達到一萬元。但在實際執行過程中，有時營業額只有八千元甚至七千元，但有時能有一萬兩千元甚至一萬四千元。這就是彈性，它不是一條直線，而是一條圍繞平均線上下波動的曲線。有波動沒關係，最終實現目標即可。

每日待辦清單的執行也是如此，你今天效率低，狀態不好，還有三件事沒完成，但你明天可能有很高的效率，不僅能補完昨天的，可能還能提前做完後天的兩件事。

當然，做事必須盡全力，而且還要依據優先順序做事。

你要把每天的工作分成要事和小事，要事就是指那些更能影響成敗的關鍵事情，這些事情優先順序高，無論如何也要完成。分配時間時應該多給要事留一些彈性時間。小事就是指那些必須要做，但不至於影響成敗，也不那麼緊急的事。這些事不用嚴格按預定時間來做，但注意不要堆積。這樣的執行既有紀律性，又有彈性。

二、接受不完美，不完美的執行好過沒有規劃

越是需要長週期執行的計畫，越要接受執行過程中的不完美，因爲在執行過程中可能會出現很多問題。在長週期任務的執行過程中，經常會發現某個任務的執行計畫需要調整，某個任務的執行時間表需要重做，某個任務需要暫時放棄，某個任務需要臨時加進來等情況。每當出現這些情況時，很多人會覺得很混亂，認爲規劃失敗了。其實不必有這種想法，出現這些情況是很正常的。規劃是對未來的確定性設想，但未來永遠是具有不確定性的，我們需要接受這一點。

在執行過程中可能會發生突發事件，比如我在準備開始正式寫這本書時因騎摩托車被燙傷住院，治療了一個月。比如我在寫這章內容時，因搬重物導致右手中指指甲被砸掉了，去醫院治療回來變成了「一指禪」，要三週才能恢復。這種突發事件很多，包括家庭中的一些事情，工作中突然被分派的任務，甚至失業、投資失敗等，每個人每年都會遇到一些突發事件。

有些突發事件可能是好事。比如關於公司發展我有了更好的戰略規劃，有上線新業務的機會，這時候原本的一些任務可能就要延後或者取消。在個人發展的過程中也是如此，

突然有了更好的工作機會，或者突然找到了個人成長的突破點，都會在一定程度上打亂你原本的規劃。

沒有完美的規劃，更沒有完美的執行，我們要接受不完美。不完美的執行，遠遠好過沒有規劃。規劃和執行，就是用確定性對抗不確定性，我們不會完勝，但會始終立於不敗之地。

三、執行必須標記，記錄必須誠實，復盤必須堅持

執行必須標記：做完一件事就劃掉一件事，不斷給出一個個最小正回饋，增強可控感和自信心。沒做完的事更要標記好，並要及時把它填充到明天或後天的每日待辦清單中，防止遺忘誤事，主動調整的事要標記好，並且留出時間進行再規劃和再填充。放棄的事也要標記好，這些標記讓執行狀況清晰可見，方便復盤調整。如果你跟我一樣用筆記本記錄清單，我建議你準備幾支不同顏色的筆，設計不同的標記符號，方便自己查看。

記錄必須誠實：記錄是指在執行記錄區把一整天的時間「消費」狀況進行完整記錄，

這樣可以觀察和計算每天的時間分配。做一件事花了多少時間要記錄，浪費了多少時間也要記錄，拖延了多少時間才完成也要記錄。只有誠實地記錄，才能有效地復盤和調整。

復盤必須堅持，以養成每天復盤的習慣：復盤不用太複雜，每天晚上睡前看看自己一天的時間都分配在哪裡了，其中哪些值得肯定，哪些需要反思，哪些時候做事的狀態不好，並思考爲什麼狀態不好。這樣做會不斷提高每日做事水準。每週、每月也可以做一次復盤，看看自己是否在重要的事上花了足夠多的時間，在不重要且不緊急的事上浪費了時間，重要任務的完成進度怎麼樣。我們要透過復盤不斷提高自己的規劃水準和執行水準。

TIME MANAGEMENT

第六節 應對不可控——面對新事情該如何應對？

如果我們每天要做的事都是提前規劃好的，那麼我們在時間管理上的煩惱會少一半，但生活的常態是，我們一邊要處理每日計畫上的待辦事項，一邊要應付不斷冒出來的新事情：不斷收到新郵件、不斷跳出新訊息、同事需要配合、主管安排新任務、下屬需要你指導、下屬的工作出問題了、工作臨時有變、要訂午餐了、外送到了、快遞到了、要開會了、有客戶投訴要處理……。

面對不斷冒出來的新事情，我們的應對方式決定了每天工作的可控度，決定了每天事情的完成度，決定了我們是被事情牽著走，還是能掌控自如。時間管理的一條原則是，**永遠不要火急火燎地行動，而要先判斷，再做事**。面對任何一件新事情，我們只有四種應對方法——「兩做」和「兩不做」，分別是馬上做、填充進每日待辦清單待做，以及轉給別人做和拒絕做。

馬上做

你首先要明確一個基本原則：能不馬上做的，就別馬上做。原因很簡單，大部分時間，你都處於正在做某件事的狀態中，被打斷後再接上，會影響你的做事狀態和效率。

哪些事需要馬上做？答案是你可以馬上做完的，三五分鐘就可以搞定的。比如你正在寫專案，同事需要你報一下昨天的專案收入，主管需要你轉發某個檔給他，下屬需要你簽字，下屬需要你確認一下某個事項，同事需要你看一下海報等。這樣的事你能快速搞定，基本不會影響你正在處理的事；同時，這些事延後做可能會花費你製作每日待辦清單或寫備忘便簽的時間，或者這件事沒做會讓你一直掛念著，從而消耗你的精力，所以這些事要馬上做。

填充進每日待辦清單待做

一旦一件事要花費十分鐘以上的時間去處理，且對方不需要你即時處理，那麼最好先將其填充進每日待辦清單，挑選合適的時間再做。這樣的事情會打斷你正在做的事，如果正在做的事恰好需要你進入心流狀態，需要連續的注意力，超過十分鐘的打斷就會極大地影響你的做事狀態和效率。

我在高度集中注意力寫文章，或者思考公司業務戰略時，都害怕被打擾，但作爲管理者，公司有很多事情需要我處理，每天都有不斷冒出來的新事情，我一般都是延後處理。比如同事的選題需要我確認，完成這類事一般需要十分鐘以上的時間；同事的稿子需要我的修改建議，完成這類事一般需要三十分鐘以上的時間；查看和回覆求職信一般需要二十分鐘的時間；訓練營相關業務的討論一般需要二十分鐘以上的時間……每次面對這種情況，我會馬上看一下時間，估算我正在做的事情做到幾點能結束，或者我做到幾點會休息一下，然後我將事情填入每日待辦清單，並簡單回覆同事何時處理，就繼續做自己的事了。

有些事情花不了很多時間，但也沒必要馬上做。比如快遞到了，不必馬上去拿，可以先讓快遞員放在貨架上，可以在午餐時間、晚餐時間或下班後拿；要寄送東西也不必馬上寄，可以在工作空檔寄；不必時時查看通訊軟體回覆訊息，否則會不斷被打斷，可以每隔一小時查看一次，花五分鐘集中回覆；回郵件也是如此，如果有急事，對方會透過語音通話或者打電話找你。總之，要儘可能地保持我們工作的連續性。

轉給別人做

並不是冒出來的任何新事情我們都要做。我們可以不做，不做又分為轉給別人做和拒絕做兩種方式。轉給別人做分為以下兩種。

1. **交給適合的人做**：在職場中，部門同事、跨部門同事需要相互配合的情況很多，但並不是任何一件事都應該由你做，也並非你就是最適合的人選。比如這個會，我該參加嗎？這個活動，我是最佳人選嗎？這個論壇，非得我去參加嗎？這個工作，必須我來對接嗎？有時候你並不是最適合的人選，但你直接拒絕也不合適，因為這些事可能並沒有確定應由哪個同事負責，即每個人都有責任和義務，這時候最好的方式是幫對方快速找到更適合的人去做。

2. **授權給別人做**：授權是時間管理的一大利器。在職場中，如果你是管理者，切忌任何事都親力親為。我曾經有一種不正確的觀念，總覺得我直接做了吧，也就五分鐘；我多完成一些吧，做這個我是專業的；這個我也懂，我順便做一下等。

學會授權後，我的可控時間至少多了五十％。現在我常說的話是：「你來做吧，你可以自己決定。」「你找他做更合適，這件事由他負責。」我們在生活中也要學會授權，才能節省出更多的時間和精力。

拒絕做

很多人因為不懂拒絕，可能每天都會做一些本來不用做的事情。遇到一件事情要馬上判斷，我可以不做嗎？

這個會，可不可以不參加？

這個活動，可不可以不去？

這個聚會，可不可以不去？

這個人，可不可以不見？

同事的這個工作，可不可以不接？

朋友的這個要求，可不可以不接受？

很多事情，你合理拒絕了，對你眞的沒有什麼影響；你做了，對你也眞的沒有多大好處。**學會拒絕，你會感到神清氣爽。**

第 6 章

省時高效

做好時間分配，提高時間效能

第一節

提高效率
做到這四點，時間利用率提升兩倍

一天的時間永遠是二十四小時，它不可能變成四十八小時，但我們可以提高時間利用率，用二十四小時的時間，完成需要四十八小時完成的事。我在前面講了很多時間分配的技巧，下面開始講如何在分配好時間的情況下，提升時間利用率。

一、早睡早起，讓黃金時間效率爆發

我曾經是熬夜界的「代表人物」，基本每天晚上都是十二點以後才睡覺，經常熬夜到凌晨一兩點甚至更晚。那時候我有一個錯誤的觀念，我堅定地認爲早睡早起跟晚睡晚起沒有區別，反正工作時間的總量是一樣的，早睡早起又沒讓時間多出來幾個小時。現在，我

是堅定的早睡早起執行者和宣導者，因爲雖然早睡早起時我的工作時間總量不變，但我的工作效率變得更高了。

1. **早上的時間是黃金時間**：大腦和身體經過一整晚的休息放鬆，完全恢復過來，因而早上是一天中狀態最好的時段，用這段時間來處理最重要、最難的工作，效率會非常高。同樣的工作在晚上做，效率會差一點，因爲大腦和身體已經勞累一天了，體能、注意力和專注度都不再是最佳的狀態。所以如果想留兩三個小時給自己來處理重要的事，最好留早上的時間，而非晚上的。

2. **早上的時間相對完整，無人打擾**：我有很多課程都是早起寫的。早上無人打擾，大多數人還沒有起床，即使起床了，一般也不會跟我溝通工作。因此在早上這段時間，我不需要處理訊息和郵件，也沒有人打電話給我，通常是效率最高的一段時間。

時間管理中最重要的一點是，讓自己始終有時間去做重要但不緊急的事，而最重要的實踐方法是提前占位，所以我現在的原則就是，不斷把未來的重要但不緊急的事進行拆分，不斷提前占位，將早上的時間用來處理最能決定未來成敗的事。

關於早睡早起，我曾經陷入兩個誤區

第一，我曾經認爲人在早上的效率不高，因爲人剛起床容易睏。這其實是因爲我還在晚睡晚起的作息規律中，雖然練習早起，但新的作息規律還沒有形成。我雖然早起了，但睡眠不足，就會特別睏，導致工作效率低下。其實當我每天早睡，保證了充足的睡眠後，早起後的精神狀況就會非常好。

第二，我曾經認爲自己是「夜型人」，而非「晨型人」，這也是我給自己長期熬夜的藉口。其實當我澈底實現早睡早起後，發現只要保證充足睡眠，一整天的效率都是高的。

如果你現在習慣了晚睡晚起，想早睡早起，那你要經歷很多痛苦。在整個過渡階段，你要忍受每天早起的痛苦，起來後可能會沒精神，白天容易打瞌睡。你還要忍受每天早睡的痛苦，比如可能會躺在床上翻來覆去睡不著。

你必須接受並熬過這個過渡階段，要對抗痛苦，而非屈服。比如當你早起了，白天超級睏，這時候你千萬別補眠，如果白天補了兩小時眠，晚上就又會睡不著了。你要強忍睏意，這樣慢慢地在晚上早睡時就會有睡意了。早睡睡不著時，千萬不要起來玩手機，否則又會陷入惡性循環。要改變作息規律，就要忍受過渡階段的痛苦。

二、快速切換，事來則應，事去則靜

如果不能快速切換，每日計畫上的一大串待辦事項對你來說簡直像一系列災難。什麼是快速切換？舉一個例子，早上八點我給學員直播，滔滔不絕地講一小時加上答疑二十分鐘，九點二十分直播結束後，我可以迅速切換到下一個工作中，如給晚上要推送的公眾號文章改標題，或者幫作者潤稿。這些事情做完後，我還可以馬上再做下一個工作。

怎麼做到快速切換呢？首先要有「一秒失憶」的能力。比如直播完走出會議室後，可以把剛才做了一場直播這件事忘記，接下來該做什麼做什麼。其次要有「一秒上手」的能力。比如當你要寫一篇文章，就得馬上做點什麼，比如寫個題目、找個封面圖、畫畫框架等，做點什麼都行，重要的是馬上就做，讓自己動起來，而不是處於長期的醞釀狀態，遲遲上不了手。

「一秒失憶」和「一秒上手」的「一秒」，都是比喻說法，指短時間。做完一件事，別沉浸在裡面遲遲不出來，不要回味太久，而應馬上行動起來，開始做下一件事，不要醞釀太久，醞釀久了就變成拖延了。

每個人每天要做的大事往往不會很多，但小事一定很多。比如對我來說，回覆同事選題、替推送文章定標題、查看履歷、回覆面試者、提供海報設計方案意見等，這類小事每天都有很多，快速切換可以極大提高效率。如果切換得很慢，每處理一小時的事都要多消耗二十分鐘，一天下來，我可能會浪費兩小時。

快速切換的本質就八個字：事來則應，事去則靜。要想做到快速切換，需要有很強的保持情緒穩定的能力。如果一個人的情緒是穩定可控的，那麼他進入一件事和走出一件事的速度就會很快，當然這種情緒控制能力也需要刻意練習。

三、一氣呵成，提高一次性完成率

很多人有個不好的習慣，做事缺乏連續性，經常是只做了一些簡單處理後，就對自己說「後面再說吧」，後期再找時間把這件事繼續做完，這樣的時間利用率是很低的。

提高時間利用率講求一氣呵成，不斷提高一次性完成率。比如我以前查看應徵者的信，經常是打開後花五分鐘看看履歷和陳述，琢磨一下，然後心想「後面再說吧」、「明天再回覆吧」，就關掉了。過兩天必須要回覆了，我再打開，這時又得再看一遍，然後再回覆。現在我對自己的要求是：要麼看了馬上回覆，要麼先不看，直接存入每日待辦清單待做，到時候看完直接回覆。

要養成凡事一次完成的習慣，比如要整理會議重點，最好開完會馬上整理，而不是等有空再做；想訂午餐時，既然打開外送App了，就一定要訂；加別人好友，如果需要寫標籤、進行分組和添加備註，一定要馬上完成，而不是等後期再整理。如果不是大項目，最好逼著自己一口氣做完，不要今天做一點，明天做一點，後天再做一點。如果不能一次性完成一件事或一項工作，就需要重複地做，這樣效率會很低。

四、並聯做事，一個時間段推進多件事

有一次週一開會時，我的編輯同事問了一個問題，她說：「我現在作為新作者，稿子寫得很慢，因為過去的積累不夠，所以每寫一篇稿子都要先閱讀大量素材。寫稿子慢又導致我平時沒有時間閱讀，從而陷入一個惡性循環，這個問題要怎麼解決呢？」我說：「做完一件，再做下一件，這是把事情串聯著做。妳要嘗試把一些事情並聯著做，也就是在做

A的時候同時做B。」

我除了管理公司、思考業務，還要寫書、寫課程文稿、寫文章，我做事的高效率歸功於我擅長把串聯的工作改成並聯的工作。比如我的課程「個人爆發式成長的二十五種思維」中，每節課都有豐富、精采的案例，但寫過課程的人都清楚，搜集這麼多精準又精采的案例是很難、耗時巨大的大工程，但搜集這門課的案例我幾乎沒有額外花費太多時間。

這是爲什麼呢？因爲我決定要寫這門課後，建立了一個資料夾，叫「成長課」，我每次寫文章查素材時，寫社群分享查素材時，閱讀一些公衆號的優質文章時，聽了一些好課、看了一些好書時，看到跟高效成長有關的案例，我都會快速把它放在這個資料夾裡，並根據即時的理解，寫幾個關鍵字或一兩句話的解析。幾個月後，我眞正開始寫這門課時，已經分門別類地存下了大量的精采案例。

後來，我把這個方法又升級了一下。在平時的閱讀、聽課過程中，我把遇到的好的認知、觀點、案例、故事不斷添加到相應的筆記中。大概半年後，我爲很多課程積累了大量的優質素材，但其實這根本沒多花費時間，因爲在日常工作中我就順手做了。

我在二〇一九年年底舉辦高階寫作訓練營時，每一期都要幫學員上改稿課，講解一篇稿子從頭到尾是如何改出來的。這件事挺費時間的，直到我把這件事跟另一件事並聯起來：專門挑選我的團隊中原創作者的合適的稿子，在上課前我把他的稿子從頭到尾修改一遍，這個過程中一方面提升了稿子的品質，一方面對同事進行了業務培訓，同時對改動的過程進行記錄，改稿課就有了素材，不用單獨做了。

你可以盤點一下需要長期做的很多事，看看有沒有一些事可以關聯地做，而不是相對獨立地做。學會串聯改並聯，效率會大幅提高。

第二節 TIME MANAGEMENT

減少浪費

堅持這四點，每天少浪費兩小時

如果沒有刻意記錄過時間、感知過時間，我們就很難知道自己每天浪費了多少時間。如果做好管理，大部分人都可以做到每天少浪費兩小時。

一、時刻提醒，減少閒聊

開始記錄時間消費後，我發現閒聊絕對是我浪費時間的一大原因。有一次我在辦公室打開一本書，然後在時間管理本上寫下：下午兩點十分——閱讀《原則》。我準備讀會兒書，剛讀了兩段話，某個同事拋出她剛看到的一則社會新聞，一個同事回應了幾句，然後我跟另外一個同事也加入。閒聊了一會後，我準備繼續閱讀，這時候我看了一下時間，驚訝地發現，十五分鐘已經過去了。後來我刻意記錄，發現有時候一陣斷斷續續的閒聊，浪費的時間超過三十分鐘。如果大家一起吃飯必然少不了閒聊，我們可以輕鬆地把三十分鐘的午餐時間拖到一小時以上。

如果沒有記錄時間消費這個習慣，我很可能以爲，在辦公室中那種隨時發起的閒聊，每次也就花幾分鐘，但其實很多時候都遠不止於如此。回想一下，一天下來，我們都會閒聊幾次，加起來每天就會浪費不少時間。這種閒聊有些是某個人隨機發起的，有些是因爲兩個人對接工作，順便閒聊了一會兒，有些是幾個人要開會討論東西，不經意就閒聊起來了。

同時，我們也要警惕通訊軟體中的閒聊。有的人每天要回覆很多人的訊息，回覆時斷斷續續夾雜著很多閒聊。使用WeChat、Line等社交軟體談工作時一定要速戰速決，不要遲遲不結束一段對話。許多人很容易在不經意間陷入長時間的閒聊，因此我們要時刻提醒自己：別閒聊了，別加入，快停下，去做事。

我們還需要刻意練習如何主動結束一段談話。我觀察到一個現象，很多人跟別人聊天談事時，明明已經聊完事情了，但倆人都不太會主動結束談話，於是繼續找話題聊，你一句我一句，只要對方不結束，自己也不知道怎麼結束，從而浪費掉很多時間。我們要成爲主動結束對話說再見的人，成爲主動結束網路聊天說下次再聊的人，成爲主動結束談話說要回去繼續工作的人，成爲說出希望有機會再見面的人。

二、立即行動，減少神遊

神遊也是很多人一天中浪費時間的主因。當我開始記錄時間消費後，發現有些時間的消費不好記錄，比如我有時候五點五十分起床，然後我記錄的第一件事的開始時間是六點十分。中間的二十分鐘去哪裡了？我很難判定自己在這二十分鐘裡做了哪件具體的事，我既沒有玩手機，也沒有思考問題，也沒有爲開始工作做準備，好像就是神遊了一會兒。我刻意地感知自己過的每一天，發現這種情況在一天中並不少見。我有時候在時間管理本上寫下：下午三點二十分——做××，然後半小時過去了，突然發現自己還沒開始，但剛才好像又什麼都沒做。

這種意識和潛意識的混雜，讓我們走神、拖延、無所事事，這種狀態我稱之爲神遊。瞭解這一點後，當出現這種情況時，我們要不斷提醒自己：幹活！立即行動！刻意用意識來對抗神遊。

三、調節時間，錯峰做事

錯峰，就是避開高峰。一天的時間是固定的，但做事的時間是可調節的。我們掌握了錯峰原理後，可以節省很多時間，實現個人時間的最優分配和利用。

比如，誰規定午餐必須要在十二點左右吃？我剛做新媒體編輯的那半年多裡，每天都要追熱門時事、寫文章，但我作爲新手，寫作速度比較慢，捨不得浪費時間。我發現一到吃飯時間，乘坐電梯下樓時都要排隊，吃飯也要拿號碼牌，回來乘坐電梯上樓時也會很擠，常常在午餐這件事上要花至少一小時的時間。所以我開始錯峰吃飯，每天下午一點半後去吃飯，這時候坐電梯不用排隊，吃飯也不用拿號碼牌，一路暢通，基本在三十分鐘以內就能吃完。

如果你能養成早起的習慣，避開上班高峰期，錯峰出行，也可以減少時間的浪費。晚上下班後，可以養成多工作一個小時的習慣，當然也可以拿下班後的一個小時來讀書、學習，以實現錯峰出行。如果你跟別人合租，早睡早起可以讓你錯峰洗漱、錯峰用廁所等，可以節省出不少等待的時間。

日常生活中做很多事情時也可以運用錯峰原理，比如去商場買東西，中午以後人很多，晚上人非常多，如果上午十點去就可以錯峰；去超市購物，避開週末；理髮，避開週末；旅行，如果條件允許，避開節慶假日。以往我們在生活中花了很多時間去等待、排隊，這些時間的浪費是最沒有價值的。

四、碎片時間，充分利用

每個人每天都有很多碎片時間，這些時間是最容易被浪費掉的，一天下來，這樣的時間加起來並不少。碎片時間高頻率出現在上班路上、下班路上、等餐、等車、購物排隊、結帳排隊時，也出現在出差趕高鐵、趕飛機的路上，以及候機、候車時等。這裡就不一一羅列了。

對於很多這種時間，我們其實可以利用起來。這些碎片時間同時還是「死時間」。

有本書叫《失控的自信》（*Ego is the Enemy*），裡面提到一個觀點：一個人一生的時間可以分爲兩種，「活時間」和「死時間」。「死時間」卽不由我們控制、不得不去做某些事情的時間，比如通勤、吃飯等的時間；「活時間」是我們可以自由選擇、行動的時間，比如你在週末可以讀書、看電影、逛街等。你可以在「活時間」裡「死去」，也可以在「死時間」裡「存活」，關鍵在於你是選擇主動改變還是被動接受。換句話說，**你的態度，可能讓「活時間」變成「死時間」，也可以把「死時間」變成「活時間」**。

在《失控的自信》裡，有一個人叫瑪律克姆，他因爲犯罪被判處十年有期徒刑，接下來他將面臨整整十年的「死時間」。但瑪律克姆在獄中慢慢開始反省，他決定不能再這樣頹廢下去了，自己必須「活」下去。他開始學習，讀所有能從監獄圖書館借到的書，對一本書從頭到尾讀完還不夠，還要一個字一個字地全部手抄下來。別人在監獄裡渾渾噩噩度日，瑪律克姆卻掌握了越來越多的知識，甚至開始寫作。

日後回憶起來，他說道：「從那時起一直到出獄的每一分鐘，我要麼在圖書館裡看書，要麼躺在床鋪上看書。我讀了歷史、社會學、宗教學、文學等方面的經典著作。」監獄成了他的學堂，他甚至完全不覺得自己是在被關押。用他自己的話來說：「我從沒感覺如此自由過。」

每個人的生活裡都有長長短短、各種各樣的「死時間」。不同的是，有人會放任這些時間「死去」，排隊就是排隊，等餐就是等餐，他們沒有意識到自己其實才是時間的主人。聰明的人會積極地把所有「死時間」盤活，使看起來被動的「安排」變成可以主動干預的「選擇」，並從中發掘出能爲己所用的東西，從而獲得成長。

你可以在這些時間裡做些什麼呢？

閱讀十頁書；

聽兩節音頻課程；

讀一篇網路深度報導；

整理自己的手機相簿；

回顧一下當天的工作，做復盤反思；

提前思考一下當天接下來要做的工作；

集中回覆郵件或訊息；

回覆同事或下屬某項工作；

規劃一下明天、下週或下月的工作。

這些事情，很多都能在碎片時間裡完成。

除了以上所說的「死時間」，我們還有一些比較特殊的「活時間」可以用來做這些事。在相對大一點的工作任務的空檔，做完一個大項目累了休息時，做某個重要工作不在狀態時，都可以見縫插針地處理一下上面的事情。如果你不用碎片時間處理這些事情，最終還是要專門抽時間來完成。

TIME MANAGEMENT

第三節

節省時間 學會這三招，每天節省兩小時

一、機械工作，速戰速決

有些事要以慢爲快，比如閱讀、聽課，其目的是思考、吸收，而不只是讀完、聽完。比如規劃業務戰略，其目的是制定出可以增強競爭力、實現收入目標的戰略，而不是簡單做完業務。但有些事你要速戰速決。比如機械工作，就應該讓機器來做，但因爲各種條件限制使其沒有實現，還得由人來做，對於這樣的事情，就要速戰速決。

比如我剛開始做新媒體編輯時，就是個「搬運工」，每天把公衆號上的內容複製到各平臺上，還要統計競品資料，也就是逐一點開別人的公衆號，把他們的閱讀量、點讚量等資料填寫到表格裡。

雖然我們的行業不同、工作不同，但我相信你的工作內容裡也一定有很多這種必須要做又不太費腦力的工作吧。那該怎麼辦？答案是以最快的速度把這些事情完成，別多浪費一分鐘時間！然後把節省出來的時間用在對你的成長更有價值的事情上。

記得當時每天統計競品資料，我不滿於做這個工作需要用半個小時，於是我捏算好時間，每次做都提速一些，最終我做這個工作只需要五六分鐘就可以完成。

速戰速決，提高工作效率，不是爲了早下班，而是爲了把時間花在最重要的事情上。做任何事情都是這樣。做好一件事的關鍵在於鑑別關鍵點，影響一件事成敗的關鍵就在於那幾個關鍵點，我們要把八十％的時間投入影響成敗的二十％的關鍵點上。時間和注意力，從來都不應該被均勻分配。

大部分人在職場中都要承擔一定比例的機械工作。每個人都可以問問自己：在一天八小時的工作裡，眞正產生價值的事有多少？不太費腦力、無價值的事又浪費了多少時間？我們要養成一個習慣，每天過一遍每日計畫上的待辦事項，查看今天有哪些工作是機械工作，然後在恰當的時間速戰速決。

二、實現標準化、流程化、可複用

什麼是眞正的勤奮？我在一家牛肉麵館吃飯，服務生小姑娘忙得額頭冒汗，上菜時來來回回，不停地喊「三十六號！」「四十五號！」「五十一號！」……有的顧客就坐在她旁邊，她自顧自地喊，但顧客正跟朋友說笑且忘了自己的號碼。有的顧客菜沒上齊，不斷地催她，她被催後去催廚師，總不清楚哪桌的哪個菜還沒上，也不知道廚師還需要幾分鐘把菜做好，她只能來回跑，嗓子都喊啞了……。

這不是勤奮。

眞正的勤奮，是凡事都設計更好的流程和標準，打造流暢的作業系統。很多餐館把排隊、點餐、結帳、標號、製作、取餐等各項環節不斷優化，最終能做到忙而不亂，效率翻倍，還不出錯。不斷優化這些環節，需要投入時間和精力，但很多人懶得做，以致於花更多時間，效率還更低。

這應該成爲一種工作核心原則。我寫課程文稿有一套基本流程，按照基本流程可以讓產出效率更高；針對新編輯入職後的培訓，我反覆編寫，總結出幾本可持續重複使用的學習手冊，而不是每次都要重新講一遍；針對轉載文章，我設計了一套工作流程和清晰的判斷標準，保證每天能高效穩定地提供內容；針對制定一個帳號的發展規劃，我有一套基本的推進範本，每次都按範本有序推進；針對上架推廣一門新的音頻課，我有一套基本的行銷流程，只需要每次按需微調。

我們一個月至少舉辦一期訓練營，整個專案需要十幾個人配合，事情很多，但我們有非常詳細的流程，所以很高效。我們營運私域流量，接待訓練營學員，替學員答疑解惑，都有一套基本話術，甚至幫書簽名、寄送禮物給學員等各種日常工作，我們都有標準流程。

標準是做事的依據，像一把尺一樣規範我們的行爲，可以提高做事效率，減少重複工作和返工次數。流程讓無論處在哪個環節的每個人都知道自己下一步該做什麼，可以提高效率，減少混亂，減少焦慮。流程的複用，有助於不用每一次都耗費大量時間去完成事情，最大程度地減少了重複勞動。爲了實現這點，我們只需要花時間注重資料、經驗、材料的積累沉澱，不斷改善流程。

三、不斷尋找更優方案

不要因爲一件事過去總是這樣做，就覺得一定要這樣做，要經常思考有沒有更優的方案——效果同樣好甚至更好，但可以節省大量時間的方案。不斷反覆檢視工作方法應該成爲做事的一種指導原則。

一位網友分享過一個案例，對於服務銷售型企業，業務的時間成本非常高。假設業務每天奔波，到處見客戶，那麼一天可能能見的客戶組數不超過四組。

企業從策略層面找到了更好的方案：將辦公室打造成客戶體驗營，讓客戶願意來公司找業務。這樣等於變相地省下了業務路上的時間，並且將本來花在路上以及在外面喝咖啡、吃飯的錢，花在了提升來到辦公室的客戶的體驗上。於是客戶愛上了體驗營，並且更願意來公司，甚至會帶他們的朋友來公司。這一舉措讓業務每天可以見的客戶組數增加了六十%～一〇〇%，並且業務沒有在路上奔波，可以在辦公室正常工作、休息，接單率大大提升，銷售業績也明顯增加。

每個人都要在工作中不斷尋找更優方案。我營運影音號後發現，知識類影片最核心的東西是你講的知識、觀點好不好，而不是你的背景設置、剪輯技巧、場景轉換、表演能力如何，所以我改變玩法，在保證內容優質的前提下，用最簡單的方式拍攝、剪輯並發布，這樣每條影片的製作時間能節省半小時到一小時，而且效果並不打折扣。

我們的公眾號是原創大號，每天都有大量的帳號申請轉載我們的文章，我們要逐一授權，授權一個要兩分鐘，但是我們一共有十幾個群，覆蓋幾千個帳號，每次都要及時授權，一天下來會花費很多時間，但如果不及時授權，有些文章不能及時被轉載，我們的損失就更大。後來我們找到一個方案，建一個新的微信群，把所有平均閱讀量在五千以上的帳號營運人員拉進來，允許這些帳號可以隨時申請轉載，而對於其他幾千個帳號的授權則集中處理，每天只授權兩次。

對於處理很多工作和生活中的小事的方法，也可以不斷優化。舉個例子，比如現在星巴克都有「啡快」(Starbucks Now)，線上點，到店取，其實非常省時間。你一邊下樓一邊點，到店時咖啡基本做好了，你取走即可。

TIME MANAGEMENT

第四節

時間買手
成為時間買手，學會付費外包

很多厲害的人上臺發言時，一般都會感謝很多人。這是爲什麼呢？越厲害的人，做事越靠別人；事業越大，靠的人越多。

最厲害的時間管理達人是那些優秀的創業者和企業家，他們不光善於管理自己的時間，還擅長管理別人的時間。他們是優秀的「時間買手」，購買幾十、上百甚至成千上萬人的時間，讓別人爲自己工作。

不是每個人都可以成爲企業家，但人人都可以成爲時間買手。錢花了可以再賺，時間流逝了卻不可逆轉，時間買手就是以無限買有限。時間管理的核心定律是：**一定要學會花錢買時間，學會外包給別人，能花錢的就少花時間。**

成為時間買手

凡事親力親爲，很多人都拿這句話嘲笑職場裡不擅長管理的管理者。每個人都應該是自己人生的CEO，你是否也困在了凡事親力親爲裡？有個朋友搬家，週末搬了兩天還沒搬完，週一又請假收拾了一天。其實她一個人住，沒多少東西要搬，租的房子裡的大多數傢俱也不用搬，所以搬了三天還沒搬完大概是因爲她沒有請搬家公司。我特地問她搬家距離多遠，搬家花了多少錢。她說約七公里，花了一百五十人民幣。花一百五十元在北京搬個家，說明她只在運輸工具上花了錢。

搬家這件事，最難省出時間的一環就是運輸。搬家費時間的部分是前期準備：先要網購各種型號的紙箱子、收納袋、膠帶；然後現場打包，分門別類地收納，有些易碎的東西需要保護性收納，有些需要拆裝；最後一箱一袋地封裝，很多時候還要做記號。搬完後要打掃舊房子，然後在新房子逐一拆箱，整理擺放，打掃新房子。

現在的搬家公司可提供包裝工具、打包服務、拆裝服務、防護服務、搬運服務、還原服務、清潔服務等。有些還提供遠端搬家服務和直播服務，你可以在辦公室裡邊工作邊看直播搬家。你可以合理配置預算，選擇服務。

我搬家時用的精搬服務，提前不用準備，全程不用動手，師傅們都是經過專業培訓的，他們把物品搬到新家後再還原整理好。我家裡的東西特別多，但師傅們僅僅用了半天就全部搬完，而且我幾乎沒怎麼自己動手。每個人都可以給自己的時間定價，假設你在北京的月薪是一萬到一萬五人民幣，那麼一天時間就值五百～七百元，拿出五百元搬家是非常合理的。自己搬家，除了費時，還心累，所以花錢搬家是非常划算的選擇。

我們透過付費可以節省時間、精力、心力、體力，從消耗時間變成投資時間。一個人的時間總量不變，一天二十四小時是任何人無法突破的極限，我們要做的是如何更好地分配這二十四小時。成為時間買手，讓別人的時間成為自己的時間。

學會付費外包

知道了「時間買手」這個概念後，你會發現很多事是可以付費外包的，從此你便能擁有更多的時間。

接下來，我總結歸類一下哪些事情可以付費外包，以便讓你能更好地實踐。

1. 不值得花時間的事情：如果你有不錯的賺錢能力，那麼搬家、打掃、洗衣洗鞋等這些事，可能都不值得你自己花時間做；取送東西可以用快遞、代購，不值得花時間專門去送；很多事情都有代辦服務，可能就不值得你親自做，比如我買摩托車時花錢讓4S店（編按：結合銷售（Sale）、零配件（Sparepart）、售後服務（Service）、訊息回覆（Survey）這四項服務）代辦居住證、車牌等。總之，只要你自己花時間做這件事不如外包給別人做更划算，那就別自己做。

2. 不擅長的事情：每個人再厲害，也只是限定於某些領域或某些專業上，不可能樣樣精通。但偏偏在工作和生活中，我們會遇到各種事情，我們會發現自己能力範圍外的事情最耗時間。做PPT對我來說就很耗時間，而且我總是做不好，我乾脆每次都外包出去，把節省下來的時間用在自己擅長的事情上，比如寫課程文稿。在工作和生活中，你不擅長的事，千萬不要自己扛，你花三小時苦思，可能別人花三分鐘就替你解決了。

比如在生活中，我會在網上下單，請人來家裡擦外牆玻璃、洗抽油煙機、清潔紗窗、修門窗、打孔安裝東西。很多人不知道，你甚至可以在網上下單，請別人來你家做一頓飯，還順帶幫你打掃一下廚房。你還可以在網上下單，請搬運工來家裡抬重物，我有個超大的魚缸就是在網上下單，找人幫我從客廳挪到書房的。這個時代，只要是能想到的服務，都有人在提供。思路改變出路，別凡事都想自己搞定，我們不是全能的。

我創業後，公司註冊、辦公室租賃、五險一金的繳納、工資稅務核算等都不是我擅長的，所以我都把它們外包了，後來公司遇到一些版權問題、商標問題，因爲自己並不擅長處理這些，所以我也選擇了付費外包服務，選擇了一個律師長期合作。

3. **不喜歡的事情**：有人不喜歡做飯，那就叫外送點餐，或者請阿姨做飯；有人不喜歡打掃、整理，那就請打掃阿姨和整理師；有人買了好車卻不喜歡開，就請司機；有人不喜歡洗車，那就花錢洗車；有人不喜歡洗碗，那就買個洗碗機。對於很多事情，你要分清楚喜歡和不喜歡，比如喜歡做飯，但不喜歡買食材，不喜歡收拾善後，那你可以請人去買食材，自己享受做飯的樂趣，飯後請打掃阿姨收拾。

4. **升級服務就可以提高效率的事情**：二〇一〇年我從山東到北京讀大學，買的是硬座車票，在車上過夜又累又睏，什麼也做不了，第二天還頭疼。後來經濟條件改善了，我可以買高鐵二等座，能好好坐著休息了。現在經濟條件不錯，坐高鐵可以買商務座，安靜，空間大，坐可工作，臥可休息，還能享受端水送餐的服務。表面上我買的是服務，實質上我買的是休息時間，爲了讓自己休息得更好，以保持更好的精力，提高工作效率。

我經常做知識分享，分享完後需要將語音轉爲文字，於是我就花幾千元買了專門的智慧轉換工具，其轉換速度快，準確率高，每次能節省出很多時間。對於很多事情，只要多付費，升級服務，就可以提高效率。

5. **學習成長上的事情**：買書、買音頻課、進付費社群、參加線下課、請私教、請顧問、付費提問、付費諮詢等，這些都是更重要的花錢買時間的事情。最好的進步方式就是站在高手的肩膀上學習。不管你想提升哪個領域的哪項能力，基本上很多高手都願意收費讓你踩肩膀，你要做的就是拿著預算找合適的肩膀。

關於升級服務和學習成長，我還有個認知：敢買貴的，成爲重要性投資。買貴的，你會心疼，會提升這件事在自己心目中的重要性，越重要你就越會認眞對待。當然，貴都是相對的，買貴的是指根據你的收入狀況，在不會影響你的正常生活前提下，購買眞的不便宜，你不至於說放棄就放棄的東西。注意一定要認眞選，不要浪費錢。一個人在學習成長上敢花錢，是很好的事。

6. **工作事業上的事情**：這個時代的很多人都有副業，收入可預期。這時候一定要不斷研究，哪些事可以外包出去，從而讓自己的時間花在更有價值的事上。比如營運自己的公衆號、短影片帳號時，你可以雇用一個兼職員工，讓他做編輯、排版、營運等工作；比如你業餘時間做講師、諮詢師，可以雇用一個兼職經紀人，所有的線上對接等工作都讓他幫你做；比如你每天要製作一條短影片，可以雇用一個兼職剪輯，讓他每天幫你製作等。

解除認知封鎖

很多人做不了時間買手，因爲他們被認知封鎖了，甚至在聽到這個話題時，他們就立起一道認知屏障：花錢買時間，前提是有錢！我錢不夠花，但我時間夠花！這都不自己做，太懶了吧！

相比於花錢買時間，很多人反而認爲自己親自做了才是賺到了，比如自己搬家。很多人覺得買實實在在的東西，肯定比買時間划算，至少拿在手裡有東西。這就是認知封鎖。

要想成爲合格的時間買手，必須先解除認知封鎖。你可以替自己的時間標價，算出時薪、日薪。

如果你的月薪是兩萬二臺幣，你的時薪大概是一百二十五元，日薪約一千元；

如果你的月薪是三萬五臺幣，你的時薪大概是一百五十六元，日薪約一千三百元；
如果你的月薪是六萬臺幣，你的時薪大概是兩百六十八元，日薪約兩千元；
如果你的月薪是十三萬臺幣，你的時薪大概是七百三十八元，日薪約六千元；
如果你的年薪是四百萬臺幣，你的時薪大概是一千八百元，日薪約是一萬五千元。

時間買手應基於性價比進行判斷。如果月薪三萬五千元，肯定不建議買飛機的商務艙、高鐵的商務座，住五星級飯店，因爲省下的時間賺不回花的錢；搬家也不建議購買精搬服務，但可以花錢買打包服務，別自己折騰一天還搬不完。

知道自己的日薪後，哪些事上花錢買時間划算，哪些不划算，一比卽知，根本不用糾結。比如在學習成長上，月薪三萬五千元的人用日薪可以買兩門音頻課，用兩到三天的薪水可以參加一個訓練營；月薪六萬元的人，除了線下課，基本可以實現線上學習自由，拿出兩天的薪水，可以無壓力地購買大部分的付費社群課、訓練營、音頻課；月薪十三萬元的人，線上下課學習上就會比較自由。

比如在生活便利上，一線城市月薪六萬元的人，可以花錢買通勤時間，比如每月花一萬五千元左右在公司附近租房住；月薪十三萬元的人，可以花錢買通勤上的舒適，比如叫計程車上下班，而不再擠地鐵和公車。

時間買手也要學會基於優先順序進行交易。比如，月薪三萬五千元的人，不建議優先買通勤時間，建議優先買學習服務，買課程、進社群、參加訓練營。在這個階段，你要學會不舒適地省時間。有錢人花錢買通勤時間，你則要學會在通勤路上戴耳機聽課、讀書，以省時間。

問題來了，爲了省時間，出門不坐地鐵而是叫計程車，但省下來的時間你沒工作、沒學習，而是玩手遊、追綜藝節目、看八卦新聞，這種時間帳怎麼算？如果你的月薪爲十三萬元，你這是花錢買舒服，不是花錢買時間，你是享受買手，不是時間買手。不管你收入多少，你都可以做一個時間買手，規劃適合自己的時間交易。時間買手的工作就是透過合理規劃，用部分金錢購買部分時間，用買來的時間創造更多價值。

第 7 章

告別頑疾

消除頑疾，成為時間管理高手

第一節 拖延

有「拖延症」怎麼辦？

我有重度的拖延習慣，但我並沒刻意解決它。這是為什麼呢？舉幾個例子。

案例一：我開設的課程從週一到週五，每天都需要更新一節。在應該更新的日子，我從未拖延，因為這是我對學員的承諾，哪怕斷更一次，我的品牌形象在學員心裡都會大打折扣。購買課程的人都是我最在意的死忠用戶，因此我定不能辜負他們。

案例二：我們每個月會投放一些廣告，引流做寫作公開課直播，並在直播間裡賣寫作訓練營的課程。每次直播都是晚上八點準時開始，我絕對不會出現在晚上八點五分還沒進直播間的情況。因為廣告投入是眞金白銀，單次投放費用甚至超過十萬人民幣，為了回本，我必須要在直播間賣出一定數量的訓練營課程。在這種情況下，我敢拖延嗎？

案例三：我在一週前想到一個很好的文章選題，計畫上週末寫完，結果拖到現在還沒開始寫。因為即使拖到了現在，甚至拖到最後不了了之，對我也沒有造成太大的影響。我既沒有對學員做出承諾，也沒人付錢督促我寫，因此在這件事上拖延，我不會有什麼損失。

案例四：我幾乎每個月都會選擇幾本值得看的好書，並計畫無論如何都得看完。但遺憾的是，我幾乎每個月都完成不了計畫，總是一拖再拖，到月底能讀完的書不到計畫的一半。因爲無法完成讀書計畫既不會讓我的公司倒閉，也不會讓我身敗名裂，對我的公司的發展和個人名譽都不會造成消極影響。

面對真正不允許拖延的事情，我一定會按時完成。因爲在這些事情上的拖延，意味著損失，而人是極度厭惡損失的。這很符合人性。所以，凡是允許拖延的事情，可以允許自己拖延，因爲人的時間和精力有限，當然要先完成絕對不允許拖延的事。

因此，面對「拖延症」我的心態很好，也覺得無須刻意解決它。

拖延不等於效率低

拖延等於效率低嗎？答案是不等於。拖延指的是把事情拖到後面做，拖到不得不做的時候做，而且往往跟一件事的起止時間有關；效率指的是單位時間內完成事情的數量，或者做事的速度。我的拖延反而讓我的做事效率很高。因此，在我看來，善用拖延，是一種高效安排時間的手段。

假設你手頭上有兩項任務需要完成，A任務需要在兩天後提交，B任務需要在三天後提交，你怎麼安排時間最好呢？很多人會想，那肯定是先做A再做B。這其實不對。一個合理的辦法是，先預估自己完成各項任務需要的時間，然後從每項任務的截止日期倒推出必須開始的時間。這樣你就能知道自己最晚開始每項任務的時間點。

再比如，今天是週一，你的任務是在週五晚上十點二十二分前寫完一篇文章。如果你從週一開始寫，很可能拖拖拉拉直到週五晚上十點二十二分才寫完。這就是典型的「終點不拖延，過程很拖延」現象。

因此，在時間安排上，你應該先預估自己完成任務的能力，並評估以最高效率完成任務需要多長時間，然後從截止時間往前推，推算出你的任務開始時間。

切記，不要提前開始。從開始時間到截止時間，就是你的任務完成週期。在任務完成週期內，你的效率會處在爆發狀態。

所以在處理大部分事情時，我都是拖到不得不做時再開始做。再拿課程的更新舉例，雖然我每個工作日都需要按時更新課程，但我基本上不會提前寫完。比如今天要更新課程，我不太可能從昨天就開始寫，往往都是今天早上六點左右起床，然後開始搜集資料，研究分析，到公司後先把需要我處理的事情處理完，上午十點左右正式開始寫。如果寫作順利，我基本上在下午兩點就能完稿；如果不順利，也能在下午六點前完稿。週末不更新課程，我在週末也一般不會提前寫稿，除非我的每日待辦清單上顯示週一、週二有別的耗時較長的專案需要處理，我才會破例利用週末的閒置時間提前寫好稿子。很多人爲這種拖延感到焦慮和自責，其實可以把它當作提高效率、節省時間的手段。

拖延無法完成即罪惡

對於工作，最重要的原則是「按時完成」，至於拖不拖延，其實並不重要。比如對於學員，我只要按時更新課程就行，他們不需要關心我什麼時候開始寫，以及什麼時候完成。我雖然有嚴重的「拖延症」，但是只要涉及需要按時完成的事情，我基本上都能完成，所以拖延於我並不是一個需要改掉的問題，而且它還具有前文提到的益處。如果你因爲有「拖延症」，很多事情經常不能按時完成，那麼這確實需要引起你的重視，做出改變。你需要分析的是：我爲什麼經常不能按時完成任務？關於這點，我總結出如下原因。

一、不能準確估算完成一項工作所需要的時間，而且經常出現低估的情況

比如，主管要求你寫一份活動行銷方案，週五晚上之前提交。你估算自己只需要一天就能完成，於是從週五上午才開始寫，但寫到下午你才發現，自己需要兩天才能完成這個方案。這時候，你可能會自我反思：「唉！都怪我拖延，早兩天寫不就好了。」這屬於歸因錯誤，如果時間估算準確，你完成這項工作眞的只需要一天，那麼你應該從週五上午開始做，而不是週三就開始做。以上問題的根源不在於拖延，而在於你對完成工作需要的時間估算不準。

如果你屬於這種類型，那麼你需要增強自己製作每日待辦清單的能力，即你把一件事寫進每日待辦清單前，都要認眞拆分、評估完成這件事所需要的準確時間。你可以養成記錄時間消耗、分析時間消耗的習慣，用以提升自己的時間估算能力。比如我透過記錄時間消耗後，才發現自己從走出家門到車庫，並把車從車庫開出來，需要八分鐘以上的時間，而我以前一直以爲只需要三四分鐘就夠了。

二、對自己的能力評估不準，而且經常出現高估的情況

有個創業者朋友跟我抱怨，說他有個員工經常不能按時完成工作。比如讓他製作產品的淘寶詳情頁，他承諾下班前一定做好，結果加班到晚上十一點都無法完成。在其他工作中他也經常如此。在聊天中他這樣評價這個員工：「他經常不能準確評估自己的能力，比如有時候完成一項工作，我自己都需要三小時，他卻承諾說自己只需要兩小時就能搞定，結果花了五小時依舊完成不了。」

第二個原因和第一個原因往往同時發揮作用。透過記錄時間消耗，也能解決這類問題。比如我經常記錄、分析自己寫一篇文章需要多長時間，製作一條一分鐘的短影片需要多長時間，製作一條十分鐘的長影片需要多長時間。記錄、分析得多了，就能準確評估完成工作所需的時間和自己的能力，知道應該如何安排時間。

三、長週期全盤規劃能力不夠，時間安排不合理，造成工作全擠在一起

舉例來說，有個任務需要你週四晚上完成，而完成這個任務需要花費半天時間，所以你計畫週四開始做。但到週四時你發現，你有幾件需要半天時間完成的任務都擠到了這一天，或者突然出現了其他不得不在今天完成的工作，導致每個任務都無法按時完成，而週

三和週五兩天你都很空閒。這就是缺乏全盤規劃能力的表現——你只是在單一地規劃某件事，沒有合理地把所有事情放在同一條時間流裡進行綜合安排。

前文提到的每日待辦清單，我建議至少堅持寫一個月，要學會把重要但不緊急的事拆解、填寫到每日待辦清單，這樣有助於提升我們的全盤規劃能力。你只有把這些行爲培養成習慣，才能保證每件事都能在不得不去做時開始做，並在截止時間前按時完成，有條不紊、忙而不亂。

四、因為習慣性追求完美，經常拖到截止時間後才完成

如果你有這種情況，那麼你需要改變認知。你的潛在認知可能是：做好比按時完成更重要。這是一種非常錯誤的認知。事實上，做好和按時完成都很重要，但按時完成的優先順序一定大於做好。做好是種能力，這種能力可以透過實踐不斷增強；而按時完成是承諾，是信用，是聲譽。

曾經有個編輯，論能力她算是優秀的，但她承諾什麼時候報選題，週幾完成稿子，一個月寫完幾篇，大多數都兌現不了，最終導致她在我心裡的形象崩塌，我不再相信她的任何承諾。你可以有拖延的習慣，但要學會對自己的承諾負責，必須在截止時間前完成任

務，即便不完美。

五、做事經常沒有明確的截止時間和獎懲制度

《黑鏡》（*Black Mirror*）的編劇查理．布魯克（Charlie Brooker）說：「不要談什麼天分、運氣，你需要的是一個截稿日，以及一個不交稿就會打爆你頭的人。」這句話涉及的就是明確的截止時間和獎懲制度。

很多人做事情時習慣一拖再拖，這可能跟制訂計畫時沒有明確的截止時間有關。比如「下個月要做一次招聘」，具體是下個月的哪一天呢？這樣的計畫缺乏明確的截止時間，結果可能會拖到月底。此外，如果一件事的執行缺乏獎懲制度，那執行者的動力會銳減。

我們公司之前有個同事老是遲到，有次甚至遲到了二十分鐘，他到公司後跟我道歉，並承諾以後一定不會遲到。結果第二天又遲到了。針對他的遲到問題，我找他談話。透過追問，他說了兩個本質原因，其中一個就是遲到了也沒關係，又不扣錢。然後我給他提了個建議，我說：「我也不想扣大家的錢，但你可以自我要求，比如你只要遲到，就在公司群裡發個大紅包並標明是『遲到紅包』。」結果自那以後，他一次也沒遲到過。

當我們認爲按時完成一件事情並不重要時，拖延是必然的，因爲它理應被拖延。人的

自制力不值得信任，所以在完成任務時，制定明確的截止時間和獎懲制度，就會有一個強制性的外力，驅動自己按時完成。

所以，拖延是不是個問題的核心在於，你是否能按時完成任務。只要你每次能按時完成，行動上是否拖延並沒有關係，至於工作過程中拖拖拉拉、速度慢、經常做不好等，主要是效率和執行力的問題。

TIME MANAGEMENT

第二節

執行力

執行力差怎麼辦？

清晰定義問題，是解決問題的前提。我們雖然經常說「執行力」這個詞，但其實很多人對其缺乏清晰的定義。比如有人說，「我執行力不行，做事經常拖延」、「我執行力不行，做事比較慢」，前者是拖延問題，後者是效率問題。那執行力到底是什麼？

執行力到底是什麼？

電影《社群網站》（*The Social Network*）講述的是祖克柏創立臉書的經歷。有天晚上，被女友甩了的祖克柏很生氣，晚上八點十三分回到宿舍後他一邊喝酒一邊在網上po文，創建一個社交網站的想法突然在他腦海中閃過。很多人的腦海中也經常蹦出這類想法。

如果是你，你會怎麼做？你或許會爲自己突然迸發的創意沾沾自喜，然後就不了了之了。

而祖克柏是怎麼做的？晚上十點十七分，他放下酒瓶，開始寫程式。凌晨兩點八分，同學提供了演算法公式。隨後，產品上線。

所以，執行力到底是什麼？很簡單，**執行力，就是把想法變成行動，拿到結果的能力**。你有很多好想法，但很少將其變成行動，這就是執行力差的表現。像祖克柏這樣的人，經常能把想法變成行動，體現出的是一流的執行力。更接地氣地說，執行力差就是光想不幹，光說不做。我們可以反思一下，是不是經常有很多各種各樣的好想法，但大部分都只是停留在想的階段，很少能落實到行動上。

我曾在直播時說過一個觀點：成爲一個領域的前一%、一‰，需要運氣、機遇、天賦等，但要成爲前二十%，需要的主要是認知、執行和勤奮。如果你做不到，要麼是認知不夠，要麼是執行力差，要麼就是太懶。這個時代賺錢的機會很多，但很多人賺不到錢，主要是因爲執行力太差。爲什麼三五年過去了，很多人的人生沒有多少變化？因爲他們光想不幹，靠慣性前進，自然只能維持現狀。

什麼原因導致執行力差？

有人想嘗試營運影音號，想了半年連帳號都沒註冊；有人想學會彈吉他，想了一年連吉他都沒買；有人想辭職換工作，說了三年也還沒挪動半步；有人想了十個行銷方案，結果半個都沒試一試；等等。這些都是執行力差的體現。那麼執行力差，一般是什麼原因導致的？我認爲有以下四個原因。

第一個原因：還沒開始做，就把想法否定了

很多人沒有把想法落實，是因爲剛有想法時覺得可行，但後來經過思考後又覺得這個想法很可笑。

比如有人晚上睡覺前認爲營運影音號是個好的副業，應該趕緊嘗試，透過拍影片、做直播、賣東西，很有可能走向人生巔峰。結果第二天醒來就把昨晚的想法否定了，覺得現在的人都愛玩抖音，影音號不受歡迎，因此不值得做。

比如有人覺得自己應該好好減肥，透過健身得到傲人的身材，然後開始做規劃。結果三天後突然覺得，費勁做這些有什麼用，自己又不是明星，身材不好又不影響自己的工作

和生活，於是放棄了這個想法。

第二個原因：還沒開始做，就把自己否定了

有些人常覺得想法挺好，但自己不行，因此不去執行。比如有人覺得營運影音號是個好的副業，但不屬於自己，於是試都不試就放棄了；有人覺得減肥健身很有必要，但自己做不到，於是試都不試就放棄了。

第三個原因：一直在準備，從來沒開始

有些人常常覺得想法可行，也相信自己可以做到，但一直在準備，總認爲自己還沒有準備好，總認爲應該準備好了再開始，所以從來沒開始。

第四個原因：只有想法，沒有計畫

最容易執行的事是具體的、限時的、動作性的。如果你只有一個模糊的想法，確實很難執行。只有想法，沒有計畫，就相當於沒有對目標進行拆分，當然就談不上具體、限時和動作性了。

如何增強執行力？

我算是個執行力很強的人。

二〇二〇年二月底，我認爲營運影音號是個很好的副業，馬上就註冊帳號更新了第一部影片，一直營運到現在；

二〇二〇年六月，我想來一場摩托車旅行，然後就出發了，從北京一路騎到廣西柳州；

二〇二〇年九月底，我想在北京買房，十月一日就開始看房，十一月就把房子買了；

二〇二一年三月中旬，我覺得用影音號發布長影片賣課值得嘗試，於是三月十五日，新課程上線當晚就嘗試用影音號發布長影片賣課，那條長影片累計成交十萬人民幣，之後我就開始持續發布長影片；

二〇二一年三月底，我認爲影音號直播值得嘗試，當月就做了一場直播，課程收入超過六萬人民幣。

那麼我是如何增強執行力的？分享以下四點經驗。

一、用魯莽定律開局，先做再考慮可不可行

很多人在人生的很多階段，本來有能做成一些事的機會，結果在反覆評估和漫長的糾結中讓時間溜走，讓機會變成別人的，最終追悔莫及。反而很多做成事的人在開始做某件事時勝算可能並不大，但他們敢想敢做，就這麼做成了。做大事者不糾結，成大器者不猶豫。所謂魯莽定律，就是指做事時不瞻前顧後，主動邁出第一步，先嘗試著去做，在做的過程中驗證想法、解決問題。**那些「莽撞」的人，反而更容易贏，先做起來，才能知道想法可不可行，才能一步一步逼近成功**。當然，很多想法在行動中會被證明是不可行的，但這才是正常的。人生本就有很多條路，你試著往前走，發現路走不通，你就換一條再試，最終總會找到屬於你的對的路。

我過去用魯莽定律開局，很多想法被證明是可行的，但也有很多想法被證明是不可行的，比如去年我做職場溝通與寫作訓練營，做廢了，停掉了；我做影音號掘金社群，做廢了；我今年嘗試做微博寫作訓練營，最後也發現行不通，停掉了。我做成的、沒做成的事情，在做之前我都覺得具有成功的可能性，但我並沒有百分之百的把握，只有做，才能知道答案。如果我們只做百分之百確定能做成的事，基本上就難以做成任何事，因爲世界上幾乎沒有百分之百會成功的事。

二、不要一上來就定大目標，先從小目標開始

很多人把目標定得太高，想法太宏大，眞的開始做時又把自己嚇退了，把自己否定了。比如減肥，如果你的目標是三個月減十五公斤，你很容易就會放棄，因爲目標定得太高了。你可以先定個小目標，比如從今天起花一個星期時間瘦〇．五公斤，搞不好你五天就做到了。減完第一個〇．五公斤，你發現這件事沒那麼難，或許你就能堅持下去了。

很多人向我請教做副業賺錢的方法，我會跟他們講怎麼營運公眾號，怎麼寫稿賺錢，怎麼做社群，怎麼設計課程，怎麼做諮詢，等等。他們會覺得這太難了。這時候我往往建議他們別把目標定得太高，不要一上來就向該產業的翹楚看齊，可以定個小目標：比如營運一個收費社群，先嘗試招到一百人；做諮詢，先努力爭取一週內搞定第一個付費客戶，而不是想著怎麼源源不斷地獲得客戶；做直播，先嘗試做一場一百人看的直播；寫作，先別去想怎麼寫兩千字的文章，甚至是爲出書焦慮，而是定個每天寫三百字的小目標，先堅持一週……先定小目標，先做起來，收到第一個正回饋後，就可以繼續執行了。

三、你永遠不會準備好，先做再調整、優化

開始一場長途摩托車旅行需要做好哪些準備？要提前查資料，確定哪些城市哪些時段

區域限摩、哪些不限；要提前規劃好路線，確定哪天到哪個城市、住在哪裡；要掌握基本的修車技能，帶好常用工具；要準備雨天裝備，以備雨天騎行；要弄清楚山路、國道、鄉道騎行的注意事項……如果把這些都準備好才能出發，我就出發不了了。

我去年想出發的時候，第二天上午去給新車做了檢查保養，當晚就從北京出發了，凌晨就騎到了天津，後來一路南下，一直騎到廣西柳州。說實話，我沒敢做準備，我怕準備著、準備著就泡湯了。我的人生好不容易有個衝動，一定要付諸實踐。所以我買的全景相機快遞都還沒送達我就出發了，到了天津發現好多該帶的東西都沒帶，需要寄來或者去買。但其實這些都不重要，重要的是我開始了，路上缺什麼我再買就行，至於需要學什麼安全知識，等需要了我再學就行。

我營運影音號時也是有想法就馬上行動。拍第一條影片時，燈光、背景這些都沒布置好，也沒想好到底要製作什麼類型的影片，那時我也還很胖，但我不能等減肥成功再開始啊。準備太多，就容易做不成。而一旦開幹後，你就開始了「怎麼幹好」的優化，進入反覆優化模式，每多幹一步就向成功靠近了一步，因爲問題都是在做事的過程中，一個一個被解決的。

四、凡事習慣列計畫，儘管你不必嚴格遵循計畫

列計畫無須很細緻，也無須很可靠。你只需要列一個大概的計畫就行，規劃你先做什麼，再做什麼，然後做什麼……需要注意的是，一定要給每件事確定一個大致的時間點，即什麼時間一定要開始做什麼、完成什麼。

你列出這樣的一個計畫後，事情就變成可執行的了。比如你想嘗試營運小紅書帳號，你就可以簡單地列個計畫，比如「我這週三先註冊帳號，週末兩天先梳理出二十個我想做的領域的優秀帳號，分析學習」。你甚至都不一定非得列第三步、第四步計畫，僅僅有這兩步，就能讓事情變得清晰具體、限時、有動作性了，就很容易執行。

但如果你連這兩步計畫都沒列，它就真的只是一個想法。

如果你能做到以上四點，你的執行力就會增強很多。

三流的想法加上一流的執行力，勝過一流的想法加上三流的執行力。

一念既起，便應拚盡全力。

TIME MANAGEMENT

第三節

作息

早睡早起難怎麼辦？

早睡早起難，這是很多人的心聲。但我想說，早睡早起是可以做到的，除非你不想。

早睡早起並不會減少可利用的時間

每當我主張要早睡時，很多人就會反駁：「工作那麼多，事情那麼多，每天忙完都到凌晨了，還想再看看書、聽聽課或者看看社群放鬆一下，怎麼可能早睡？」這個說法的邏輯是：我本來要到晚上十二點才能忙完一天的事，你現在讓我十點睡，我不就少了兩小時的時間嗎？那我該做的事不就做不完了？我也就沒時間看書、聽課學習了。但事實上，早睡早起只是把睡覺時間整體前移了，我們並沒有睡得更多，這就意味著我們睡覺之外的可利用的時間並沒有減少，只不過我們把一部分事情挪到了早上做。所以只要你把早上多出來的時間利用起來，你的時間就絲毫沒有減少，你的工作和學習也不會被耽誤。

假設你每天睡七小時：本來是凌晨一點睡，早上八點起床；現在變成晚上十點睡，早上五點起床。雖然晚上可利用的時間少了三小時，但早上可利用的時間多了三小時，你只是在時間規劃上把一部分事情挪到了早上來做。

以前我常常在睡前閱讀、學習，是典型的「夜貓子」，在凌晨後才睡覺。但現在我改變了作息規律，開始早睡早起，把閱讀、學習、寫稿等事情挪到早上來做。從二〇一〇年到二〇二〇年，我熬夜十年；自二〇二〇年八月起，我開始嘗試早睡早起，現在我的作息澈底扭轉過來，我的工作、學習狀態比以前更好。以前我堅稱自己爲「夜型人」，但我現在發現其實並不是，熬夜只是我的習慣。當我習慣了早睡，我的狀態反而更好。

早睡早起的作用

首先，我們要對早睡早起這件事建立正確的認知。

早睡早起並不會讓可利用的時間變多：早睡早起不會讓可利用的時間變少，但也不會變多。有部分人會覺得早睡早起讓時間變多了，其實並沒有，只是把睡眠時間整體前移了。

早睡早起並不會直接改變你的人生：熬夜也並不會讓你的人生失敗，不會耽誤你發展事業。我在二〇二〇年前的整整十年裡都是「夜貓子」，但這並沒有耽誤我的事業。反過來，早睡早起不會直接讓你的生活、工作發生大的變化，甚至可以說它本身不會讓你變得更成功。希望你能夠認識到這點，理性看待早睡早起這件事，它不是拯救你人生的良藥。即便你做不到，也沒有那麼可怕。

接下來，我闡述一下早睡早起的好處。

一、有利於身體健康

就我個人而言，如果不考慮健康問題，我可能會長期保持熬夜的習慣。我們無須學習那些專業的醫學知識，僅憑本能和生活常識就能清楚熬夜不利於身體健康。二〇二〇年，我剛好三十歲，我希望保持身體健康，這是我早睡早起的核心原因。

堅持早睡早起半年多後，我確實明顯感覺到自己的身體和精神狀態都更好了。過去十年，我的背上和臉上一直長痘，怎麼調理都沒用，但堅持早睡早起兩個多月後，基本都好了，尤其是背上的皮膚比以前好多了，而且我的黑眼圈問題也有了改善。

堅持早睡早起有助於保證飲食的健康，減肥也變得容易許多。試想，熬夜的人有幾個在晚上能不吃東西、不喝東西的？人在熬夜餓了時就會想要吃刺激性的食物，比如油膩的、辣的、甜的等，所以熬夜和變胖是連接在一起的。而早上起床後很少有人有食慾想吃這些食物，因此堅持早睡早起更容易保證健康飲食。

二、早起時間相對來說更私人

相比於晚上的時間來說，早起後的時間更私人、更自由。如果你有熬夜的習慣，你可能會有這樣的體會，就是晚上九～十點，甚至到凌晨，會一直有人找你，發訊息給你。而且很多社群也往往在睡前更熱鬧，你可能會忍不住參與討論，即便不參與也會忍不住打開來看。

根據我個人的經驗，我發現早起後幾乎沒有人會在早上六七點找我，各種工作群、社交群也很安靜。這使我早起後更容易安心地閱讀、學習，做一些需要保持專注的事情，比如寫課程文稿。

三、早睡早起，更容易形成規律的作息

熬夜是沒有計畫性的，很少有人會給熬夜定一個時間點，比如熬到幾點。熬夜的人往往都是熬到太睏了、頭疼了、眼睛快睜不開了才睡覺。所以他們有時熬到零點睡，有時熬到一、兩點睡，有時甚至爲了完成某件事情而熬通宵。

熬夜帶來的是作息的不規律、生理時鐘混亂，有時卽便睡夠了七小時，也沒有精氣神。而早睡早起的人往往會有明確的睡覺時間和起床時間，這使生理時鐘變得規律，睡眠品質也會更高。所以以前熬夜時，我有時候睡上八九個小時還是睏，但養成早睡早起的習慣後，每天睡夠七小時就會精力充沛。

四、週末的時間，會利用得更好

如果你習慣熬夜，在週末不用上班時，你可能就會熬得更晚，第二天更容易賴床，在中午甚至中午以後才起床，而且起床後精神狀態也不好，週末兩天時間常常就會被浪費。

我養成了早睡早起的習慣後，在週末也會早起，並且毫不困難，跟工作日一樣。這樣，我每週都有兩天時間比別人利用得更好。一年加起來差不多一百天。如此一算，早睡早起的人有多麼可觀的時間收穫啊！

難以早睡早起的原因及破解方法

難以早睡早起的核心原因其實就一個：早上起不來，晚上睡不著。

爲什麼早上起不來？

「你早晨六點起床吧。」

「我凌晨一點才睡，根本起不來啊！」

「那你可以早睡，這樣就可以睡飽了。」

「可我晚上不睏，睡不著。」

「爲什麼不睏？」

「我起得晚，休息得很充分。我得到凌晨才有睡意。」

你看，這其實是一個閉環。當你開始嘗試早睡早起後，其實就是在推翻這個閉環。但大多數人都不能成功推翻，這是爲什麼呢？

1. **突然早起毀一天**：即使你可以扛著睏意努力早起，也會導致你白天一整天都毫無精神。這是爲什麼？因爲你睡眠不足。

2. **偶然早起並不能馬上讓睡意早來**：你今天早起了，整個白天都很睏，你以爲到晚上肯定能早睡了，但神奇的是，晚上你又沒那麼睏了，於是又熬夜。這是爲什麼？因爲生理時鐘。

3. **突然早起兩天也並不會讓第三天就能自然早起**：你連續早起兩天後，第三天依舊不能自然早起，還需要努力，甚至第四天、第五天依舊如此。這是爲什麼？還是因爲生理時鐘。

所以很多人的早睡早起計畫注定要失敗，怎麼破解呢？

1. **改變生理時鐘需要持續性**：人體的生理時鐘體現了身體的活動習慣。習慣不是一天養成的，也不是做出幾天改變就能推翻的。所以想要改變身體的活動習慣，你要做好咬牙堅持兩週以上的準備。改變的行爲要具有持續性，如果你堅持早睡早起五天了，週末又熬夜晚起一次，那麼生理時鐘馬上被打回原形，因爲新習慣還沒穩定就被打亂了。

2. **把早睡當成一個真正的目標而非想法去執行**：比如你下定決心要養成晚上十點睡覺的習慣，你就可以倒推出上床的時間、洗漱的時間以及其他的行動時間。比如你需要在晚上九點三十分上床，那麼九點二十分就要漱洗完畢，九點十分就要回到家。如果下班回家需要花半個小時，那就意味著你需要在八點四十分下班。

這才是眞正的有目標、可執行。最好的做法是，給這幾個行動時間點設置提醒鬧鐘，如果能夠在每日待辦清單上列出來更好。只要你按照每日待辦清單執行，就能保證九點三十分上床，十點鐘早睡的目標也就更容易達成了。

3. **不要帶手機進臥室，這一點必須堅決落實**：在你調整生理時鐘、養成新的身體活動習慣時，請不要高估自己的自制力。如果你帶手機到臥室，你的行動計畫幾乎會百分之百失敗。你堅持一天不看、兩天不看，第三天就可能一下子玩手機兩個小時，那就功虧一簣了。

4. **熬過去**：剛開始調整生理時鐘時，你一定是睡不著的。這時候不要從床上起來，不要看書，不要睜著眼對著窗外發呆，就閉著眼熬，直到睡著。剛開始幾天這麼做一定很痛苦，但熬過去一週後，你就會發現越來越容易入睡了。

5. **開始時強制早起**：剛開始執行早睡早起計畫時，晚上即使你早早地躺在床上，也會花很長時間才能入睡，所以眞正的睡眠時間可能並不充足。這個階段早起也一定很困難，因爲睡眠不足，這時必須強制早起。

鬧鐘的擺放位置很關鍵。如果你把鬧鐘放在枕頭旁，即便定了十個鬧鐘，你也可能會關掉。在早上睏得睜不開眼時，鬧鐘響了，你的本能反應就是關掉鬧鐘。所以，一定要把鬧鐘放在客廳，如果你不起來，它就一直響，吵到你不得不起來去客廳關鬧鐘，這就成功了一半。切記，關了鬧鐘後千萬別回臥室了，回去就讓努力付諸東流了。

那怎麼辦？待在客廳裡，也無須立刻開始工作、學習。這時的你一定很睏，需要做點事情讓自己熬過這段時間，比如你可以動起來，沖杯咖啡、泡杯茶、追個劇，做點不費腦力的事情，熬到該去上班的時間。早點刷牙洗臉也是個不錯的選擇，刷牙洗臉可以讓你清醒，出門散步也可以作爲一種選擇。

6. **白天不要補眠，睏也要扛住**：剛開始早起時，你在白天肯定很睏，所以要想辦法扛過這個難挨的階段。你可以喝杯咖啡，或者運動運動，或者洗把臉，等等。但是，一定別補眠，一旦你中午或者下午補了一兩個小時眠，到了晚上肯定就睡意全無了。所以白天覺得睏是好事，堅持別睡，一直堅持到晚上上床再睡。堅持一段時間後，一到晚上該入睡的時間，你的睏意就來了。

將以上六點持續堅持兩週，你會覺得早睡早起不再痛苦；堅持一兩個月後，你的新生理時鐘就基本形成了。這時候，如果生活中有突發事件需要熬夜處理，也不礙事了。

改變生理時鐘是一件很困難的事，但只要堅持下來，你會體會到早睡早起的好處。養成早睡早起的習慣，可以算作一個訓練意志力的方式。不過，如果你怎麼努力都無法堅持早睡早起，那就儘量做到不熬夜且作息規律。比如，即便你是「夜貓子」，也要爭取在晚上十二點前入睡，早晨八點左右起床，週末也一樣。

第四節

效率

做事效率低怎麼辦？

提高做事效率，能帶來巨大回報。許多人的做事效率很低，而透過對的方法，完全有可能讓效率翻倍。

比如在很多時候，我寫一篇課程文稿，能拖拖拉拉從上午寫到下午，耗時五六個小時甚至更久。我心裡很清楚，這個效率不是我的眞實水準，因爲我有用三小時寫完一篇課程文稿的經歷。我前幾天參加一個入學面試，面試時間只有十五分鐘，需要提前準備的問題不超過十個，這對於我來說拿出半小時來準備足矣，但我一會兒思考問題，一會兒又逛社群網站，一會兒又看短影片，結果斷斷續續用了一個多小時。

我自認是效率很高的人，但事實上有時候效率特別高，有時候效率特別低。所以我想說，效率再高的人，如果不注意管控，效率也很容易變得特別低。這是爲什麼呢？因爲效率低符合生命特性，節能是一切生命的本能，生命特別厭惡耗能。所以再厲害的人，也需要時刻提醒、管控自己，以便始終保持高效。

如何做到呢？以下有六點建議。

一、列出當天要做的事，並劃分時段

看完前文的內容，你可能開始習慣製作每日待辦清單。對於許多人來說，每天給自己列三四個要事再加三四個小事是比較合適的。

但是每日待辦清單只能幫助你管理好每天的時間，也就是實現以天爲單位的高效，讓你能夠在一天內把列的事情儘可能做完。不過，做完不代表做好。因爲許多人在每天的時間利用上都是前鬆後緊，前半天拖拖拉拉，後半天發現時間不夠用了，於是加快節奏。

提高做事效率，不僅要求速度，還要求品質。爲什麼很多人不能很好地分配好一天的時間？因爲他列了五件事，只知道當天要完成，但不知道每件事分別要用多長時間完成。如果能夠在列每日待辦清單的基礎上，清晰分配好做每件事的時間，那一天的做事效率將會大幅提高。只列每日待辦清單，是以天爲側重點，即「我一天要完成這五件事」；列每日待辦清單並分配好時間，是以事爲側重點，即「我大概要在幾點到幾點完成哪件事」。

二、開始做事時，確定準確的截止時間

第一步做好了，會在很大程度上提高效率，如果再配合這一步，效果最佳。

第一步是對一整天的時間進行大致劃分，還不夠準確。當我們開始一天的工作時，還要確定一個準確的截止時間。

比如我正在寫課程文稿，從十二點四十八分開始，如果我不嚴格要求自己，極可能會拖拖拉拉寫到晚上七點，甚至更晚；但如果在開始寫時我就給自己確定了準確的截止時間——下午五點前，可能我在下午四點多就能完成。

事情不變，能力不變，但我給大腦發出的指令改變了，結果就會改變。「今天寫完」和「下午五點前必須寫完」，是兩個完全不同的指令，也會產生不同的行為衝動。我們很多人一天能做很多事情，但往往效率不高，其中一個原因就是開始做每件事情時，我們並沒有明確要求自己要在幾點完成。

三、做任何一件事都要有流程感和緊湊的推進意識

任何事都不是一件事，而是一連串小事，這就是流程。當我們想儘快進入狀態，高品質快速做完某件事時，腦海裡浮現出的應該是按流程排列的一連串小事，而不是一件事的

整體。

比如我開始寫課程文稿，我的腦海裡不是只有一個籠統的課程，而是有一系列待辦小事：馬上列個框架→整理出小標題→在每個小標題下塡幾個關鍵字和思路要點→優化並最終確定小標題→寫好開頭→一個部分一個部分地完成→整體優化打磨一遍後定稿→立刻訂個會議室錄音→發給同事。

當腦海中有了一連串小事就容易操作了，因爲做完一件事就知道下一步該做什麼，猶如腦海中有一個任務表提醒自己往下推進。如果我們能夠把這個方法跟第二步結合起來使用，就會形成一種跟時間賽跑的節奏感。如果你能明確要在幾點完成某件事，又能明確這件事大概的完成流程，那你就能在執行的過程中不斷對齊任務的推進進度條和時間的流逝進度條，最終實現效率「爆棚」。

四、儘可能屏除外界干擾，讓自己做到當下專心

前文提過，專注分爲當下專心和長期專一，提高做事效率就要做到當下專心。

當我開始寫這部分內容時，我戴上耳機，播放音樂，把音量調高到我聽不到周圍的其他聲音。然後我不再看社群訊息，不再聊天說話，不再吃零食、喝飲料。我放下其他所有

事情，把生命中的這三小時全部奉獻給此刻的寫作。這樣我就能完全沉浸其中，效率也會達到最高。

一般情況下，外界干擾包括嘈雜的聲音，尤其是周圍人聊天的聲音、打電話的聲音等，所以想要專注於當下手頭上的事時，建議選一個安靜的環境，如果條件不允許就戴上耳機。手機是一個「殺手」，你準備專心做事時，別隨便打開各種社交媒體App，完成任務後該聊天時再好好聊天。如果有人過來想跟你閒聊，直接告訴對方，自己這會兒要趕緊做完一件事情，晚點再聊。戴個頭戴式耳機是不錯的選擇，它可以直接向外界釋放信號：別過來打擾我。另外，別在手邊放零食、飲料。

特別重要的是，要時刻牢記：**做一件事時，心裡掛念別的事，效率一定是極差的；做一件事時，心裡只有一件事，效率一定是最高的。**

五、合理安排更多事項，寧可讓自己忙，也別讓自己閒

這點挺違背常識的，但在很多人身上可能都適用。我執行每日計畫並記錄時間消耗持續半年多了，一直是用筆記本記錄。在翻看過去的記錄時，我發現了一個很有意思的現象：我在時間利用上經常出現兩種極端，要麼一天做了很多事，記錄得很密；要麼一天沒

做什麼事，記錄本上那一頁很空。

這是爲什麼呢？經濟學中有個特別重要的概念，就是「供需」：**供大於求時，商品不值錢，大家都不稀罕；供小於求時，商品很值錢，大家很珍惜，不敢浪費**。時間也是如此。

在一定程度上你以爲這段時間需要做的事情不多，你有充裕的時間，這時候就會本能地降低效率。如果在一天中你有很多事情要做，而且有幾件事是很重要且耗時較多的，那你從當天早上，甚至前一天晚上就可能會感受到壓力和緊迫感。你很清楚，如果不提高效率，自己根本無法完成所有事情，所以從一大早開始，你就表現出極高的效率水準。

從本質上說，你需要效率高時更容易效率高，你不需要效率高時自然就效率低，這就是供需的巨大力量。所以我們要在每一天合理安排更多事項，如果你意識到自己今天的工作任務很輕鬆就能完成，就需要給自己增加一些任務，比如讀某本書兩小時，聽三節課程並寫五百字筆記，規劃一下接下來一個月重要但不緊急的事，或者去理髮、買兩套衣服等。無須只給自己安排工作和耗費精力的事，像理髮、買衣服這種生活小事也完全可以安排。

六、適當獎懲，長期主義和即時回饋不衝突

大的獎勵需要在實現一個階段性目標時給予，這是獎勵長期主義。但即時回饋也很重

要，即時回饋可以對每天的高效完成任務進行獎勵。即時回饋是每天給自己的獎勵，所以無須大費周章，簡單、隨意即可，你也可以學著把每天的一些事情轉化成獎勵。

比如我在辦公室有個魚缸，我想在魚缸裡放很多裝飾物。於是我在寫這部分內容時發布了這段話：開始今天的寫作任務，做事效率低怎麼辦？如果五點前能寫完，就去買些模擬珊瑚和貝殼。

如果你比較喜歡喝奶茶，那麼你可以把喝杯奶茶作爲對高效率的獎勵。如果能夠在規定時間內完成既定任務，就獎勵自己一杯奶茶。如果完不成，就不能喝。如果你喜歡看電影，也可以將能否看電影變成一個獎懲手段。如果能在規定時間內完成某個重要任務，就獎勵自己晚上看電影；否則，明天再說。透過這種方式，我們每天都有目標，也有獎懲，進而不斷提高自己小週期內的激情和增強戰鬥力，保持每一天的高效率。如果我們每天都堅持這麼做，那麼一年三百六十五天，我們就能多做、做好很多事，取得長足進步。

以上六點是提高做事效率的建議，每一點都需要我們在生活中刻意練習，只要能長期堅持其中三點就能大幅度提升自己的做事效率。不過，再好的方法時常也敵不過人性，一個效率很高的人也會間歇性地出現懶散、低效的情況，對於這點我們要理性看待，不用自責，等狀態好些時再提醒自己高效做事即可。

TIME MANAGEMENT

第五節 情緒

因為情緒問題無法高效做事怎麼辦？

很多人在時間管理上都有個問題——因爲情緒問題無法高效做事。我們不能根治情緒問題，只能去擁抱它，跟它和諧共處，從而減少它對我們的干擾。

不控制情緒，就會被情緒控制

被情緒控制，是許多人浪費很多時間的一個重要原因。那麼，情緒是如何控制我們的呢？

一方面，是負面情緒對人的控制

比如，老闆因爲對你的工作不滿意，在會議上點名批評了你，讓你在公開場合很沒面子。開完會你回到座位上，很難快速從負面情緒中走出來，可能要花半個小時甚至更長的時間來消化負面情緒。

再比如，你跟伴侶大吵了一架後去上班，在上班路上你一直反覆回想這件事情，甚至到了公司，同事跟你打招呼你都沒有注意到。你還在想爲什麼另一半不能多理解理解自己，自己都這麼努力地付出了，爲什麼另一半總是看不到自己好的那一面。你越想越氣，被這個情緒控制了。

又比如，你想學習、提升自己，然後經營一個副業。但是經過一個星期的學習，你覺得自己還是什麼都不會，需要學習的內容太多了，於是變得非常焦慮、迷惘。你越看重這件事，焦慮的情緒就越會耽誤你做其他事情。如果你有主業，這種負面情緒甚至可能影響到你的主業，因爲你總在想：到底要不要繼續堅持下去，爲什麼別人做得那麼好而自己做得這麼差。

當你產生了這些負面情緒，你就難以專心工作。如果不能控制情緒，你就會被情緒控制，進而浪費很多時間。

另一方面，是正面情緒對人的控制

當被老闆批評後，你可能需要時間來消化負面情緒。反過來，假設今天被老闆點名表揚了，你會怎麼樣？一定會產生強烈的興奮感，內心溢出滿滿的滿足感、優越感。這些正面情緒會不會耽誤你工作？也會。因為你一直處於興奮的狀態。

舉個例子，如果你在學生時代有一個暗戀對象，有一天你跟對方表白了，對方答應了，你會是怎樣的心情？哪怕是在上課，心裡想著的也是下課後要馬上去見他，此時的你還能安心聽課嗎？你肯定聽不下去，腦海中可能都已經在想像兩人的婚禮了，甚至已經在琢磨未來的孩子叫什麼名字了。在這種興奮狀態下，你不太可能靜下心來學習。

很多時候我們遇到好事，產生了強烈的正面情緒，也一樣會影響我們對時間的利用和做事的效率。無論是正面情緒還是負面情緒，只要讓你失去了平靜，你就會被它們控制。

培養「靜能力」，掌控情緒

如何應對情緒問題？培養「靜能力」。

負面情緒過多，會打破內心的平靜；正面情緒過多，也會打破內心的平靜。只有在心靜的狀態下，不過於悲傷，也不過於興奮，人才能高效地做該做的事情。想要培養「靜能力」，要做到以下兩點。

一、事來則應，事去則靜

事來則應，指的是當一件事情還沒到來的時候，不要提前進入情緒狀態。比如計畫週六要去提車，你從週二就開始興奮，這就是提前進入了那件事情會帶來的情緒狀態。而當事情到來的時候，要快速進入狀態。換句話說，既不提前進入，也不拖沓進入。

事去則靜，指的是我們要有快速走出一件事的能力。一件事結束後，要快速讓自己的身體和情緒抽離出來，然後進入下一件事。

比如今天提車了，這件事讓我很興奮，但是提完車回到家，該做專案就去做專案，該寫文章就去寫文章，該做ＰＰＴ就去做ＰＰＴ。

既然讓自己興奮的提車這件事已經過去了，那麼就抓緊時間把身心都從中抽離出來，回歸當下，準備進入下一件事情。這就叫事去則靜。

二、每臨大事要靜氣不亂

所有大事發生的時候，要靜氣不亂，不管這件大事是讓人悲傷，還是興奮。我們要培養自己面對大事時的平常心。比如，明天高考，你要靜氣不亂，不能興奮得晚上睡不著覺。靜氣不亂不是不在乎這件事，而是以平常心來對待。我們要學會戰略上重視，心態上平靜。

當你在路上開車，有人超車並刮了你的車時，如果你是一個有「靜能力」的人，就會非常理性、有邏輯地處理這件事，而不是一上來就要跟對方吵架。

再比如，如果你是一家公司的老闆，員工突然跑到你的辦公室說：「不好了，老闆，我們在網上被人投訴，還上熱搜了。」這個時候你如果沒有「靜能力」，就會被情緒控制，被情緒左右，而不會把重點放在處理事情上。

解決情緒導致的低效問題

一、覺察情緒，防止蔓延

我們首先應該有一個意識：我們無法根治情緒問題，只能去擁抱它，與它和諧共處，減少它對自己的干擾。

每個人每天都會有情緒，有情緒不可怕，雖然情緒會耽誤工作、浪費時間，這也不可怕，可怕的是我們沒有覺察到自己被情緒控制了。或者很多人明明覺察到自己正在被某種情緒控制，但是放任不管，沒有刻意制止。

每個人都可以反思一下，當你覺察到有某種情緒在控制自己、耽誤自己做事、浪費自己的時間的時候，你的選擇是不是放任不管？

假設你今天下午要完成一份專案計畫書，按計畫應該從兩點開始做，但是早晨你跟伴侶吵了一架，導致自己心神不寧，都快到兩點了還在玩手機。你心裡很清楚，自己應該寫專案計畫書了，也清楚地覺察到自己現在的煩躁情緒，但是你選擇放任不管。

正確的解決方式是養成一個習慣。當你覺察到有情緒在控制自己、耽誤自己做事的時候，要刻意地告訴自己：我正在被某種情緒控制，我不能這樣繼續下去。

你要反覆提醒自己：你中計了。甚至有時候你可以自言自語，告訴自己正在被情緒控制，要擺脫它，不能中計，告訴自己還有更重要的事情要做，不能放任這種情緒繼續控制自己。你要學會刻意地提醒自己，刻意去改變，防止情緒蔓延。

二、刻意轉場，轉移注意力

這個方法裡最重要的詞是「刻意」。如果不刻意做，你可能不會自動做。你不刻意轉場，就只能繼續停留在情緒中。刻意轉場非常重要，這個場可以是物理場，可以是能量場，也可以是其他場。

比如，當你覺察到有某種情緒正控制著自己時，就去觀看一部電影，這是刻意轉場；閱讀一篇好文章，這是刻意轉場；告訴自己應該下樓走一走，去跑步，去騎自行車，這也是刻意轉場；告訴自己去收拾房間、整理書架、洗衣服，仍然是刻意轉場。

爲什麼要刻意轉場？因爲轉場了，你的注意焦點就轉移了。當你沉浸在某種悲傷或興奮的情緒中，你的注意力就會放在那裡。刻意轉場之後，你會把自己的注意力從這個場景轉移到另一個場景，這樣做其實就是爲了防止情緒蔓延。

三、身心一體，用身體的行動帶動心的轉變

所有的情緒都是心的問題。**不管是難過、迷惘，還是抗拒、焦慮、興奮，或者是悲傷、痛苦，一切情緒都是心的問題**。而身和心是一體的，有了這個認知之後，我們就可以用身體的行動帶動心的轉變。

假設你晚上要寫一篇文章來復盤過去半年的成長，對於做這件事你很抗拒，覺得它很麻煩，比起寫文章，你更想去玩手機。雖然這件事應該做，但是你非常抗拒。這時候其實就出現了情緒，這是心出了問題。

那麼該怎麼解決呢？答案是透過身體的行動來解決。透過最小化行動，從最簡單的事情開始做。什麼是最小化行動？做複雜的事，也得一步一步從簡單的事開始做，一件複雜的事情可以拆分成很多小事，我們就先做一件小事，這就是最小化行動。

從複雜的事情裡找出簡單的事來做，其實就是讓身體先行動起來。這樣，身體的行動就會帶動著心的轉變。

那麼，當你抗拒寫一篇文章的時候，怎麼讓身體先行動起來？你可以先去找一些素材，或者先找幾篇參考文章，這就是開啟最小化行動。先不動筆，而是搜集素材或者找參考文章，其實就是身體已經開始行動了。只要開始行動，就會帶動心發生轉變。身心都動

起來，你就會越來越不抗拒做這件事。

做任何事都是如此。當你覺察到自己在抗拒做一件事時，就要告訴自己，先做起來再說。我們也可以把這個方法叫作十分鐘原則。當你很抗拒時，告訴自己：稍微行動一下，試試。你先讓身體行動十分鐘，透過身體的行動帶動心的改變。只要心「動」起來，你就不會那麼抗拒做這件事情了。

關於身心一體，還有一些更直接的例子。

比如看文章或讀書時，你總是走神。這是心出了問題。解決方式是讀出聲來，透過「讀」這一身體行動，把心帶動著聚焦到閱讀上。

比如你在寫一個工作計畫，但總是被一些情緒干擾，總是想東想西的。解決方式是拿出一張紙來，逼著自己在上面寫下你要解決的問題，然後想到什麼就寫下來，寫下來之後再繼續拆解。

這就是靠身體的行動帶動心的改變，以免自己被其他事情干擾。

四、不要直接解決情緒問題，要解決情緒背後的認知問題

所有的情緒問題，歸根結柢多是理性不夠、認知不足。有情緒的時候，直接解決情緒

幾乎沒有用，因爲情緒的產生不是無緣無故的，一定是你在某方面有認知上的問題。所以不要直接解決情緒，要解決情緒背後的認知問題。

比如上班堵車，早上開車或是搭計程車去上班，路上堵得水泄不通，有的人就很惱火，抱怨爲什麼大家都這個時間開車出來。但他忘記了，此時此刻他也坐在車裡，也是造成堵車的人之一。

爲什麼你可以在上班高峰期開車，而別人就不可以呢？當我們抱怨這些事的時候，還是沒有足夠的理性和認知。而且，堵車時的抱怨、煩惱、生氣，對於緩解堵車這件事來說毫無用處。即使你快要氣炸了，該堵還是會堵。

如果你的認知到位，能理性看待這件事，你就不會無端地生氣來折磨自己。面對沒有任何改變餘地的事情，接受是最好的選擇。時光不能倒流，這時你要學著接受，然後把時間用來做該做的事情。

足夠理性、認知到位的人，不會因爲改變不了的事情惱火、憤怒、生氣、埋怨自己。被老闆批評後，只是沉浸在情緒中沒有任何意義，你應該理性地分析老闆爲什麼批評自己。你要換位思考一下，自己是不是真的沒有把工作做到位，老闆的批評是在提點自己還是在爲難自己，自己應該怎麼解決。只要理性地分析過，理解到位了，你可能就不會那麼容易陷入負面情緒。只有理性分析，才有可能解決情緒問題。

如果你去參加一個行業大會，聽到嘉賓的精采發言感到收穫滿滿，備受鼓舞，覺得自己如果也這麼做一定也能年入百萬元，想到這兒就無比興奮並沉浸在其中。這就是認知不足的體現。如果能夠理性分析，你會發現每個人的成功都沒有那麼簡單，從嘗試到成事，需要經歷漫長的過程。

我們可以這麼理解，所有打破內心平靜，讓自己過度焦慮、過度悲傷、過度興奮、過度幸福的情緒，基本上都反映出個體的理性不夠、認知不足。所以，不要直接解決情緒問題，要解決情緒背後的認知問題。認知問題解決了，情緒問題也就解決了。

五、不要直接解決情緒問題，要解決讓情緒產生的問題

利用一些技巧和方法轉移注意力或逃避只能暫時平息情緒，但情緒早晚還會回來。只有解決了讓情緒產生的問題，情緒才會眞正離開。

我創造了一個詞，叫「無情求解」，就是指個體要戒掉情緒，只專注於解決問題。很多厲害的人都戒掉了情緒，因爲他們永遠都在無情求解。

蔡崇信是阿里巴巴的合夥人之一，採訪的時候有人問他：「過去這麼多年最讓你難過

的事情是什麼？」蔡崇信的回答令人震驚，他說：「你是問難過的還是難處理的？好像沒有什麼難過的事情，倒是經歷過一些難處理的事情。」

蔡崇信的回答很有智慧，他的處世哲學令人敬佩。在他看來，沒有會讓自己難過、抱怨的事情，所有的事情已經發生了，那就要冷靜地面對。所有事情在他眼裡，沒有難過的，只有難處理的。阿里巴巴能夠這麼成功，蔡崇信功不可沒，他有如此冷靜成熟的性格，注定能夠成事。

我們每個人都應該避免被情緒沖昏頭腦，多把時間花在問題的解決上。只要你活著，只要你還在做事，只要你還在成長，就一定要面對不斷出現的困難。

花在解決情緒上的時間和精力越多，花在處理問題上的時間就會越少。時間如此寶貴，爲什麼要用在解決情緒問題上，而不直接去解決讓情緒產生的問題呢？正確的應對方式應該是：問題能解決就去解決，不能解決就接受。

所以，不要直接解決情緒問題，要解決讓情緒產生的問題。從另一個角度理解這句話就是，如果我們能夠變成一個專注於解決問題的人，那我們就沒有時間被情緒控制，也沒有機會出現很多情緒，因爲我們在忙於解決問題。我們每天專注於解決一個一個的問題時，就不會有過多情緒。

我們的時間要麼花在了處理情緒上，要麼花在了處理事情上。你多處理一些情緒，就會被情緒控制，少處理一些事情；你多處理一些事情，就會少處理一些情緒。

如果業務進行得不順利，那就去理順業務、調整業務；如果感情出了問題，那就去解決感情問題；如果跟同事關係不好，那就去搞好關係，或者說服自己放下這段關係，或者換個工作，遠離對方。總之，不要在情緒上浪費自己的時間。

你要解決讓情緒產生的問題，問題不解決，由問題產生的情緒就永遠不會平息。

TIME MANAGEMENT

第六節

娛樂

沉迷娛樂怎麼辦？

娛樂有罪嗎？無罪。娛樂本身是好的、對的，即便打電動也是好的、對的。人都需要娛樂，整個社會也需要娛樂。有罪的是「沉迷」，再好的東西一旦沉迷就變質了。玩手遊、看短影片等娛樂行爲本身都沒問題，偶爾放鬆一下對我們的身心都有好處，但沉迷是不對的，沉迷了就耽誤做事。沉迷娛樂主要有兩種情況，一種是沉迷於健康、有意義的娛樂，另一種是沉迷於無聊、「殺時間」的娛樂。

沉迷於健康、有意義的娛樂

什麼是健康、有意義的娛樂？比如，我愛看電影，但是我只看經典的、高分的、有教育意義和學習價值的電影。在這種情況下，看電影就是健康、有意義的娛樂。但如果我每天都要花幾個小時去看電影，這也不好。每天本來就只有二十四小時，如果我在看電影這件事上花這麼多時間，就意味著我在工作事業和核心競爭力上花的時間少了。即便是健康、有意義的娛樂，我們也要避免投入過多時間。

每個人或多或少都有一些愛好，比如我很喜歡騎公路自行車和玩滑板。玩滑板可以鍛鍊身體、增加勇氣、提高韌性，對身體和平衡能力的訓練都有益處。但是如果我沉迷其中，每天都約朋友去玩滑板，工作日一下班就去玩，週末也整天在滑，就過猶不及了。即便它本身是一種健康、有意義的娛樂方式，沉迷其中也勢必會影響我在工作事業等方面的時間投入，甚至很可能讓我「丟飯碗」。

有人喜歡打籃球，有人喜歡騎自行車，有人喜歡釣魚，有人喜歡爬山……這些都是健康、有意義的娛樂，但我們不應該放任自己沉迷其中，放任自己在這些事情上耗費過多時間。能成事的人應該有正確的時間分配意識，能在工作事業和核心競爭力上投入更多時間，不斷追求更高的水準，達成更高的目標，而不是在娛樂上耗費過多時間。

那麼，爲什麼我們經常會忍不住、不能自拔地沉迷在這些健康、有意義的娛樂上呢？因爲我們會從中得到很多精神上的獎勵，這些獎勵會促使我們把娛樂變成一件打怪升級的事情。比如有段時間我每天晚上都看電影，我發現豆瓣上也有很多看電影的人，他們標記自己看過的電影竟然有兩三千部，而我看過的電影還不到一千部，所以我就定了一個目標——用一年時間把自己的觀影數量提高到一千部以上。這其實就是在跟別人比較，如同打怪升級。

騎公路自行車也是。我去騎了一趟山路，一〇五公里花費了五小時。但有很多高手三小時就能騎完這段山路。我備受打擊，於是每週末都去練習，立志讓自己三小時就能騎完全程。這本質上也是在打怪升級，這個過程中收穫的獎勵會吸引自己投入更多時間。一旦一件事做得不錯，我們就會在這件事中得到成就感，從而持續去做。

我們做自己擅長的事時，會更容易收穫羨慕、敬佩和誇獎，這些積極的回饋會促使我們投入更多時間去精進，去享受做這件事帶來的成就感。當我們在娛樂上不計成本地投入大量時間時，娛樂就變成不健康的了。

如果你能兼顧娛樂和正事，在娛樂的同時不丟下正事，那就另當別論。但許多人常常會玩物喪志，哪怕這種「物」本身是好的、健康的，到最後也會沉浸在別人的掌聲中不能自拔，忘了自己還有更重要的事情需要去做。

針對這個問題，我有以下三個解決辦法。

一、重新審視並確認這件事在自己人生中的定位

當我在玩滑板上沉迷，在騎公路自行車、爬山或者釣魚上沉迷，不斷地在這些事情上投入更多時間，我就會重新問問自己，重新審視和確認一下：這件事在我人生中的定位到底是什麼？我要反省一下，要不要在這件事上這樣瘋狂地投入時間。

重新定位後，我可能會意識到，這件事只是我工作之餘的消遣，只是我豐富人生中的一個小樂趣。我不應該把它抬到更高的位置上，不應該投入那麼多時間和精力，它本來應該是我繁忙工作的調味劑，如果我投入了更多時間，就本末倒置了。

二、理性地分析自己在這件事上的追求

所謂娛樂，就是我們在工作、學習之餘進行放鬆的一種方式、工具。很多人在娛樂這件事情上「過度追求」了。如果拿自己跟職業選手比，按照職業選手的標準來給自己定目標、去投入，那就有失理性了。我們這時候要理性地分析自己在這件事上應不應該有這麼高的追求。

不要過度追求，因爲過度追求就會過度投入，勢必就會耽誤你在正事上的投入。

三、時刻提醒自己以工作事業和培養核心競爭力為重

我們的成就感、獎賞，更應該從工作事業和培養核心競爭力中得到，不應該從其他事情中得到，不要本末倒置。

沉迷於無聊、「殺時間」的娛樂

什麼叫無聊、「殺時間」的娛樂？比如，追沒有意義的劇、逛社群、看無聊的直播、玩手遊等。我們平時經常會有一種感覺：不知道爲什麼，就想打開社群網站「逛」一會；不知道爲什麼，就想打開短影片「看」一會；打開後就無法自拔了……這都是無聊、「殺時間」的娛樂。這是很多人在時間管理上的大問題，這種娛樂不僅浪費時間，而且基本上沒有任何意義。

健康、有意義的娛樂除了具有娛樂本身的價值，往往還會帶來很多其他好處。但是像玩手遊這樣無聊、「殺時間」的娛樂，如果你長時間沉迷其中，弊遠遠大於利，你消耗了很多時間，基本上卻沒有任何收穫。所以我們要想辦法減少這種娛樂。

在無聊、「殺時間」的娛樂上，我們要記住一個詞——趁虛而入。所有無聊、「殺時間」的娛樂都會趁虛而入，占據你的時間。因爲時間會自動被填滿，如果你沒有刻意安排更重要、更有意義、更有價值的事情來做，那這些時間必然會被無聊、「殺時間」的娛樂趁虛而入。

以下三個方法可以對抗這類娛樂的趁虛而入。

第一個方法：擠占

一段時間只能被一件事占據。擠占就是刻意安排更有價值的事情占據你的時間，讓那些無聊、「殺時間」的娛樂不能趁虛而入，沒有立足之地。比如我經常會在晚上做兩個小時的直播，這兩個小時被一場直播占據了，就等於排除了我玩手遊的可能。

從大的層面來說，在任何一個階段，如果你有更有價值的事情要做，那整體上你就不會花很多時間在無聊、「殺時間」的娛樂上。所以，你需要讓自己在每一個階段都有更有意義和有價值的事情做。

從小的層面來說，你要製作好自己的每日待辦清單，因爲任何一段時間只要沒有清晰的待辦事項，就可能會被那些無聊、「殺時間」的娛樂填滿。很多人沒有規劃週末的習慣，所以他們週末的時間經常不知不覺就荒廢了。

第二個方法：隔離

一個人想正面對抗誘惑是很難的，遠離誘惑相對來說要容易一些。如果你跟誘惑待在一起，想不被它吸引就要與它對抗，這不是一件容易的事情。更容易的做法是不讓誘惑接近你。也就是說，我們要學會隔離有誘惑力的娛樂。

1. **對訊息的隔離**：我剛買摩托車時，對摩托車投入了太多時間，加了好幾個與摩托車相關的群組。我平時總會忍不住看群組裡的訊息，看大家在討論什麼：誰怎麼改裝了，去哪裡壓彎了，去哪裡跑山了，有什麼好的打卡活動，哪個品牌又出新車了，哪個品牌的車又打折了，等等。

但是我現在對這些群組的關注度下降了，因爲我決定隔離這件事。我對一些相關的公衆號和帳號取消了追蹤關注，並且把與摩托車相關的幾個群組設置成了免打擾且折疊起來。這樣就在一定程度上把這些資訊與自己隔離開了。

我們接收什麼樣的資訊，注意力就會被相關資訊占據。我隔離了這些資訊，慢慢就會減少對它們的關注。爲什麼許多遠距離的情侶到最後會分手？因爲兩人離得遠，接觸不到，平時雙方的注意力沒有被對方占據，慢慢地感情就淡了。

2. 對圈子的隔離：我以前在玩滑板上也投入了非常多的時間，我也有很多玩滑板的朋友，時不時就約著一起去哪裡滑一下。後來我意識到自己投入的時間太多了，就漸漸淡出了聚會，慢慢脫離了這個圈子。

現在滑板圈有哪些新品牌、哪些新的滑手、哪些滑板店開業或者倒閉了，我都不再那麼上心。這就是對圈子的隔離。我們讓自己活躍在什麼圈子裡，我們就會變成什麼樣子，所以一定要學會對娛樂型圈子進行隔離。

3. 對工具的隔離：如果你總是沉迷於玩遊戲，那你是否願意把遊戲程式移除？移除了想再安裝也沒關係，只要移除一次，你就會少玩幾天，即使過幾天忍不住又安裝了，那至少也實現了對遊戲的短暫隔離。安裝之後玩幾天記得再移除。這就是對工具的隔離。

抵抗誘惑不如遠離誘惑。比如很多時候我明明吃得挺飽的，但就是想再吃點辣的、吃點油的。爲了遠離誘惑，我不在廚房、冰箱裡放這類食物或零食。如果放了，我肯定忍不住吃；但如果不放，我就能抑制食慾。我在前文中提到，想要養成早睡早起的習慣，可以把手機放在客廳，別拿進臥室。這也是對工具的隔離。

第三個方法：替代

我們打電動、看短影片、追劇，基本上都是爲了放鬆。那難道放鬆只有這些方式嗎？有沒有更好的替代方式？

如果你愛看娛樂影片消遣，那建議你用看電影或看紀錄片來代替。相比於很多打發時間的娛樂影片，這些影片更具有學習價值。

這裡給大家推薦一部紀錄片——《尋秘街拍客》（*Finding Vivian Maier*）。女主人公是一個職業保姆，喜歡攝影。她去世之後，人們整理她的舊物時找到了很多箱攝影底片。沖洗出來一部分之後，人們發現這些攝影作品太棒了，於是到處去找與她有過接觸的人，同時把她拍的所有照片都沖洗出來了。最後她被攝影界評爲二十世紀最偉大的攝影師之一。

這部紀錄片只有不到八十四分鐘，建議你在無所事事時找出來看看，相信看完後你會感受頗深。那些優秀的作品、偉大的靈魂會在這個過程中感染你、激勵你、教育你。經常看這種紀錄片，你會越看越覺得世界美好，越看越充滿正能量，越看越能對人生保持積極的態度。

一定要學會用替代的方式來解決沉迷於無聊、「殺時間」娛樂的問題。除了看電影、看紀錄片，你還可以讀書、運動，這些事情都可以讓你放鬆，不是只有打電動、追劇才能讓你放鬆。

也有一些人沉迷於打電動或追劇，不是爲了放鬆，而是爲了逃避現實世界，因爲他們在現實世界裡找不到存在感和成就感，只能在虛擬世界裡得到這些。這種情況也可以透過替代來解決，可以找一些健康的娛樂活動，努力從中得到存在感和成就感。

其實，我們更應該在工作事業和核心競爭力上尋找存在感和成就感。與其逃避現實不如直面工作和事業，提升自己的核心競爭力，這也是一種替代。你如果能夠在工作事業的核心競爭力上得到存在感和成就感，那麼虛擬世界中的虛幻的感覺你就不再需要了。

以上就是解決在無聊、「殺時間」的娛樂上沉迷這個問題的三個方法。

還有一種額外的方法，可以讓我們將這三個方法運用得更好，那就是刻意尋找、主動擁抱更好的環境、更好的圈子、更好的朋友，讓他們來感染我們、改變我們、影響我們。多刻意去這樣做，可以讓我們在擠占、隔離、替代這三個方法中做得更好。

要記住，**時間總會被自動填滿，你不主動用更重要、更有意義、更有價值的事情去填滿時間，那些不重要、沒有意義、沒有價值的事情就會趁虛而入**。所以我們一定要學會主動掌控自己的人生，不能被動地讓那些趁虛而入的東西掌控我們的人生。

TIME MANAGEMENT

第七節

完美
過度追求完美怎麼辦？

我們總以爲完美就是好的，事實上並不是這樣。完美這個詞本身非常有迷惑性，過度追求完美不一定好，有時候反而會壞事。

為追求完美開局，拖延「開始」

許多人因爲對一件事的開局有過高的期待，所以遲遲不開始。

有的人想營運短影片，註冊了小紅書或抖音帳號，也買了很多設備。但一下對拍攝的影片不滿意，一下對剪輯不滿意，有時候對選題不滿意，有時候對文案不滿意，或者覺得帳號定位不夠清楚，等等。就這樣，一個月、兩個月、三個月過去了，連一條影片都沒有發出來，甚至可能半年過去了還沒有開始。有些人可能在公司裡有一些上臺分享的機會，但總覺得自己的演講水準還需要提高，所以每次都沒抓住這樣的機會。很多人都有類似的經歷，因爲追求完美開局，一直拖延「開始」。他們總認爲如果不能一開始就做得特別好，那就不做。

這是過度追求完美產生的第一個問題。應該如何解決呢？我們應該明確告訴自己，現實世界的運轉並不像自己想像得那樣，我們以爲準備得足夠久就可以有完美開局、完美執行，但這是大錯特錯的，這是我們對現實世界認知不足導致的幻想。**現實的世界是，如果你在一件事上只準備而不實踐，那你永遠無法得到一個完美的開局**。

我在「通往高手之路」這門課程裡講過，讓自己在一個領域從新手變成高手，需要在認知和實踐兩個層面共同提升。你一直在準備，遲遲不開始，其實都只停留在認知層面，但實踐是另外一回事。

之所以要儘早開始，是因爲要儘早做好。只有儘早開始，我們才能儘早進入現實世界，得到眞實回饋，遇到眞實問題，然後在實踐中解決問題、持續優化，最終把這件事做好。如果你一直沒有進入現實世界，沒有眞正開始，那你對這個問題的認知就不是現實世界告訴你的，而是想像中的世界告訴你的。

註冊了一個帳號，總覺得拍攝的短影片不夠好，總是想等拍攝剪輯做得更好之後再發布，但這都只是你的想像。如果沒有發布短影片，你就不知道短影片發布之後的眞實情況是怎麼樣的，那你假想出來的任何問題可能都不是眞實問題。

只有儘早進入現實世界，才能遇到真實問題，得到真實回饋。只有這樣，我們才會知道接下來怎麼提升和解決，進而在持續優化的過程中做得更好。所以儘早開始，才是把一件事做得更好的方法。

為追求完美結果，拖延「完成」

這個問題跟上一個問題是對應的：一個是完美開局，一個是完美結果；一個是拖延「開始」，一個是拖延「完成」。

你在寫一篇文章時，因爲想要完成得更好，所以遲遲不願意結束這篇文章的寫作，一直在改。甚至在整個過程中，寫完第一部分後遲遲沒有開始寫第二部分，一直在糾結第一部分能不能改得更好；或者寫完第一個案例後遲遲沒有寫第二個案例，一直在糾結第一個案例能不能改得更好。

不只是寫文章，有的人做PPT、寫專案計畫書或寫方案等，也是這樣。因爲追求完美結果，想把它做得更好，所以一直不做完，一直往後拖，總覺得還可以做得更好。事實上，按時完成才是第一位的。如果沒有按時完成，那追求完美就沒有意義。

以高考爲例，如果高考時每個科目都多給你一小時的答題時間，那每個科目你或許都有機會多考十分，但是討論這個沒有意義。因爲沒有人會多給你一小時，五分鐘都不行，規定時間一到，監考老師就會開始收試卷。這時候你說：「老師，我的作文還沒有寫完，再給我二十分鐘就能寫完，寫完作文我的語文就能考一百二十分。」這是不可能的、不現實的。

永遠記住：**現實世界裡，所有事情都是有期限的；如果不能在規定時間內完成，那你所謂的把事情做得完美就沒有意義。**高考是比較典型的、有非常明確的截止時間的事情，或許其他很多事情沒有如此明確的截止時間，但是同樣符合有期限這一點。

比如你想根據某個熱門話題寫一篇文章，沒有人規定你必須在幾點幾分寫完發布，但它同樣是有期限的。因爲早發和晚發，效果會有非常大的差異。能夠抓緊時間寫完，第一時間發布，即使文章寫得不完美，點閱率也可能很高。如果糾結於如何改到完美，拖到明天甚至後天才發布，雖然內容品質更好，但點閱率可能不會太高。因爲熱度已經消退了。

很多事情，如果你沒有在規定時間內完成，即使做得再好，也不一定能得到完美的結果。從這個角度來說，超出了規定時間，你把事情做得再完美，也失去了意義，甚至會導致更差的結果。

再舉個例子，如果你想出一本教大家營運小紅書帳號或做抖音直播的書，那早一年出版應該會比晚一年出版銷量更好。你如果三年之後再出一本講抖音直播的書，即便把它寫得再好也沒有意義，很可能會滯銷。因爲抖音直播可能已經過時了。假設我在二〇一七年有機會出版一本講公衆號營運的書，但是我認爲自己還沒有準備好，理論體系還不夠完整，積累的案例也不夠多，本身的實戰成績還不夠有說服力，所以我決定先放一放，再準備準備。又準備了一兩年之後，我確實在這些方面都有了明顯提升，寫出了一本品質更好的書，但是市場和讀者可能已經不需要了。

一件事做得好與不好，是有期限要求的，或許在這個時間段內做完，它就是好的，超出這個時間段做完，它就是不好的。所有事情都涉及時間、空間、人，也就是天時、地利、人和。**時間永遠是我們做事過程中一個非常重要的影響因素**。

這個問題應該怎麼解決？主要有以下三個解決方法。

一、不能把追求完美當作藉口來拖延完成

很多人喜歡用追求完美作爲拖延的藉口，彷彿追求完美永遠是一個可以被理解的理由。你原本週二應該交給老闆一份計畫書，但到了週三還沒交。老闆責問你，這時候你拿出追求完美這個理由，說自己不是懶，也不是不努力，是因爲覺得這個項目特別重要，所以想把計畫書寫得更好一點。很多人在職場中可能都有類似的經歷，將追求完美作爲藉口去解釋自己的拖延行爲。

人的行爲都是由認知指引的。你之所以會這麼做，是因爲你覺得這確實是個可以被理解的理由，甚至確實覺得爲了做得更好而拖延是值得提倡的。這是認知上的錯誤。眞實情況是，如果不能按時完成，做得再完美也沒有意義。

二、學會把握完成和完美的度

爲了完美而拖延完成是沒有意義的，但是爲了完成而不顧及完美也不值得提倡。如果事情做得不好，只是單純地完成了，也沒有任何意義。應該如何把握完成和完美的度呢？分以下兩種情況。

第一種情況：如果你在做一件很重要的事，你覺得有可能無法按時完成，那這時候按

時完成應該是你的第一追求，要在這個前提下盡力做好。

第二種情況：這件事沒有那麼耗時間，時間也是夠用的，在這種情況下，你就要追求完美。比如今天是週二，老闆讓你週日晚上提交一個產品文案。這時，你有約五天的時間做事，如果效率高，可能只需要半天時間就能寫好這個文案。也就是說，在這件事上你有充裕的時間，你不太可能完成不了。這時候你就要在這件事上追求完美。

三、永遠告訴自己，超過最佳時間的完美弊大於利

假設你想出版一本主題具有很強時效性的書，而今年是這個主題的最佳時間。過了今年，你追求的完美就是弊大於利的。

為追求處處完美，花更多時間得到一般結果

大部分人都有這個問題，這樣既浪費時間，又沒得到好處，甚至可能還有壞處。任何一件事都是一個系統，這個系統由很多要素、環節構成。在做一件事的過程中，我們不需

要在每個環節上都追求完美，不需要在每個要素上都追求完美。這句話可以從兩個方面來理解：一方面是不需要處處追求完美，另一方面是不要平均用力。

營運公眾號就是一個大系統，這個系統包含很多事，比如選文章、編輯、排版、配圖、回覆評論、轉發分享等。在這些事裡，哪件事最重要？最重要的只有一件事：選擇每天發布哪些文章。只有在這件事上你應該多花時間去追求完美，在其他事上都不應該爲了追求完美而花過多時間，尤其不能因爲在這些事上花過多時間而導致沒有足夠的時間選擇文章。

任何事也都可以被看作一個系統，其中包含很多環節。比如寫一篇文章，要不要在每個環節上都追求完美？要不要把時間平均分配給每個環節？當然不要。在決定一篇文章效果的所有因素裡，選題可能是最重要的，我們應該在選題上花更多時間，其他因素相比而言次要一些。

我們花在一件事上的時間是有限的，並非每個環節都同等重要，一定要學會抓主要矛盾，在主要矛盾的解決上花更多時間追求完美，在次要矛盾上花更少時間做到及格就好。不在非重點環節、非重點要素、非重點事情上追求完美，是爲了節省出更多時間在解決主要矛盾時追求完美。這樣我們可能花了更少的時間，得到了更好的結果。

為事事追求完美而忙碌，到頭來什麼也做不完美

我們在任何一個階段的總時間都是有限的。一年只有三百六十五天，一天只有二十四小時。在總時間有限的情況下，如果你在每件事上都追求完美，最終的結果必然是什麼都做不完美。事事追求完美，相當於把有限的時間分給了更多事，每件事都得不到足夠的時間，最後就會適得其反，沒有一件事能做好，或者最主要的事情都做不好。

我的桌子、書架通常很亂，因爲我覺得相比於爲了保持整潔每天花時間收拾、每次都認眞擺放，我不如把時間花在更重要的事情上。我穿衣服也很隨便，因爲我不想在穿搭上花很多的時間。

我的總時間是有限的，在這些方面花更多時間，必然就會在另一些更重要的事情上花更少的時間。

在生活中，我是一個很多技能都缺失的人，比如高超的PPT製作技能、嫻熟的Excel使用技能、優秀的電腦操作技能。這些技能當然很重要，但對我來說並不是最重要的。我只掌握了基礎技能，也沒有刻意去提升。因爲我很清楚自己的人生中什麼事情最重要，如果我去提升一些能力，就意味著我應該花在更重要的事情上的時間會被占用，那麼

我就沒辦法在核心能力上繼續突破，所以我會刻意忽略一些不必要能力的提升。如果你在生活、工作中每件事情都想做得完美，你可能就會成爲一個平庸的人。所以反而不如接受自己在很多方面平庸一點，但是在重要的方面很優秀。

很多人會覺得我是老闆或創業者才可以這樣，但其實不然。以前上班時，我就很清楚自己需要有一項無人能替代的核心競爭力，這項核心競爭力直接關乎我的薪資。當我擁有這樣一項核心競爭力時，老闆就願意爲之買單，並且不會安排我去做其他瑣事。因爲對他來說，讓我把時間花在我能發揮核心競爭力的事上才是最划算的。

無論是打工還是創業，這個社會是否願意爲你買單，取決於你是否擁有核心競爭力。所以我們不要在所有事情上都追求完美，只在幾件重要的事情上追求完美就夠了。

李安曾經說過，他在生活和與人打交道上是一個完全無能的人，他把所有的時間、精力和心力都放在拍電影上，這樣他才能達到極致的高度。所以，一定要敢於在很多事情上接受自己及格就行了，留出更多時間發展自己的核心競爭力。

但凡一個人在某件事情上能做到頂尖水準，那他很大機率在其他很多事情上都相對平庸。因爲人的總時間有限，他既然把核心時間和精力放在那件事情上，在其他事情上的投入通常就是不足的，表現也不會太好。

關於「完美」，我再總結以下三點。

1. **不能**。從事情發展的規律上來說，想將任何事情都做到完美就需要大量時間，在有限的時間裡注定不能做到事事完美，所以我們永遠要告訴自己「不能」。

2. **不需要**。我們不需要在所有事情上都做得完美，只需要把幾件核心的事情做好。

3. **在很多事情上追求完美，性價比不高**。

次次追求完美，反而進步慢、回報少

在任何一個階段、任何一件事情上，我們應該追求的不是每一次的好，而是整體的好和最終的好，尤其是精進一項能力和技能。

我們在一件事情上要想眞正做好，除了每一次要追求品質，還要保證整體的練習總量和實戰總量。比如作爲新媒體編輯或新媒體作者，如果每次寫文章時，你都追求完美，那你寫一篇文章可能要花很長時間，這就導致你整體的發文數量很少。別人一個月能寫十篇文章，你連五篇都寫不完。你的練習總量、實戰總量比別人少，很大機率就會進步得比別人慢。

做事情要講究一個閉環。所謂閉環，就是去研究、去做，做了之後把它推向市場，推向現實世界，得到眞實回饋，然後優化提升。如果每一次都追求完美，你的速度就會很慢，數量就會很少，這是很大的問題。

爲什麼要追求練習總量和實戰總量？因爲我們要在這個過程中暴露問題、解決問題，從而全方位地積累經驗。如果總量不夠多，那麼暴露的問題就會比較少，積累的經驗也會比較少，進步速度就會比較慢。所以我們不需要每一次都追求完美，只需要在某些重要的時機追求完美，而其他非重要時機，我們在規定時間內做好就可以了。

以上爲追求完美的五大問題，以及每個問題的解決建議。那麼，我們到底要不要追求完美？追求完美是不是完全不重要？當然不是。我們應該追求完美，但是要追求的是有價值的完美。並不是所有的完美都是有價值的，有些完美是弊大於利的。**我們不追求處處完美、事事完美、次次完美，我們追求的是系統最優的完美，因為並不是每個完美都有很高的價值。**

第 8 章

重塑時間管理觀

在有限的人生，成最大的事

TIME MANAGEMENT

第一節 精力保證這四份時間，永遠不能吝嗇

爲什麼要做時間管理？因爲時間稀缺，每天只有二十四小時，而且不可再生。我們要在有限的時間裡，完成更多重要的事。我們講了很多關於收縮、節省、放棄、轉移的時間管理方法。但有幾件事，我們永遠不能吝嗇時間。

一、睡眠時間

人的一生中大概有三分之一的時間用於睡覺。如果你一生有九十年，大概有三十年是用來睡覺的。這本身就告誡我們，睡眠極其重要。

但很多人在挑戰這個鐵律，頻繁地熬夜，然後因爲要上班又得強制性地早起，睡眠嚴

重不足。很多人在睡眠上觀念是錯誤的，包括我以前也是。有人說：我睡得少是因爲工作需要。這點不成立。大部分工作的截止時間並非是凌晨兩點。就算你在凌晨兩點把工作做完，別人也是第二天早晨才能跟你配合對接。所以，花費時間總量不變的情況下，不要熬夜完成，可以早起完成。早上八點完成，和凌晨兩點完成，多數時候是沒區別的。

有人說：我睡得少是因爲我要擠出時間做更多的事。這個是錯覺。你本來應該睡八小時，擠出兩小時做其他事，覺得自己比別人多做了兩小時，但其實你沒有計算到你在白天的補償。很多人白天嗜睡很嚴重，有的人甚至早晨九點上班，十點多就趴在桌子上打瞌睡了，午餐後的午休時間也比別人長，下午四五點還會打瞌睡。不僅如此，精神狀態也是有些萎靡的，工作效率大打折扣，雖然一天都坐在辦公室裡，實際上有可能並沒有完成多少工作。

我有個同事之前總是加班到很晚，一天在辦公室耗十幾個小時，看起來很拚很投入，但其實產出不多，原因並不是不夠聰明、不夠努力，而是不夠高效。他天天睡眠不足，時間一長，精神狀態就不好，效率就會直線下降。大家可能都有過這樣的感受，下午三點，打開電腦想工作，但是沒精神，腦子嗡嗡的，甚至行爲和大腦發出的指令都不相符，恍惚、發呆、神遊……等緩過神來都五點多了，發現剛才的兩個小時什麼都沒幹。

怎麼檢驗你是否有休息夠呢？早上醒來時，是迷糊的、痛苦的，還是清醒的、對新的一天充滿期待的。一般睡眠充足的人，每天起床都是後一種狀態。這樣的人，走進辦公室的時候，感覺渾身有力氣，腦子清醒，轉得很快，打開電腦就能工作，很快進入狀態。

我們到底需要多少睡眠時間呢？答案是每個人不一樣。有的人每天睡五六個小時就可以，有的人要睡七八個小時，有的人甚至要九個小時才夠。要完全根據自己的實際情況來定，不用跟任何人比。充足睡眠的目的是讓白天一整天充滿能量地高效運轉。如果沒有充足的睡眠，再多的時間管理方法和技巧都是空談。

二、吃飯時間

維持身體一天充滿能量地高效運轉，除了睡眠，第二重要的就是吃飯。不過，吃飯跟睡眠不同，睡眠要保證一定的時長，吃飯倒不建議花費太多時間。有很多人吃午餐要花一個多小時，晚餐也要花一個多小時，這樣已經是浪費了。吃飯最重要的有兩點。

1. **相對準時**：早餐七點到九點，午餐十二點到十四點，晚餐十七點到十九點。相對準時，一是爲了有節律地給身體提供能量，保證供需平衡；二是不要打破規律，形成惡性循環。

2. **不要不吃**：很多人一忙起來，乾脆把吃飯時間擠掉了。很多人因爲起得晚，經常不吃早餐。因爲工作繁重，經常把午餐或晚餐擠掉。這個跟擠掉睡眠一樣，依然是沒有權衡好利弊。早餐二十分鐘就可以完成。午餐、晚餐，如果不是飯局，正常的用餐時間半個小時完成是沒問題的。

對這二十、三十分鐘的吝嗇，都會在後面饑腸轆轆的低效中加倍償還。有時候你可以明顯意識到饑餓引發的低效，有時候意識不到，但它依然在起作用，因爲生命體需要及時補充能量，才能維持高效運轉。

三、學習時間

畢業是學業的停止，但不是學習的停止。很多人畢業進入職場後就不再學習了。當學習變成一件「不緊急之事」，同時每天都有很多「緊急之事」時，學習便很難被放進日程。

在日復一日的工作中，不學習注定會被淘汰。我們每天一定要留出時間來學習，**這一生很長，如果每天、每週、每月都忙到沒時間學習成長，那每一天都是在消耗存量。可存量有限，終究要被消耗完的。**想持續成長，必須有持續的增量學習。

對我個人來說，學習並不是每天中的一件小事、輔助之事，它是一個大事、核心之事。畢業八年來，無論以前上班還是現在創業，我從不吝嗇對學習時間的投入，這也是我成長很快的主要原因。

四、親情時間

所有重要不緊急的事情裡，很多人都把親情當成最不緊急的事。即使嘴上是不承認的，但行動上都是如此。這裡，我把親情時間分成三類。

1. **跟父母的相處時間**：這是當代年輕人最容易忽略的時間，它可以輕易地被各種事情擠掉：這週工作忙，不回家了；這週跟朋友聚會，不回家了；下週有個會要參加，不回家了；下週有個課程要參加，不回家了；連假要去旅遊，不回家了；春節要加班，在家待兩天就行……。

我們總覺得以後還會有時間，但以後也是如此。如果爸媽五十歲，你一年回家三次，每年相處十天，可能餘生大概就三百天在一起。很多人一年還回不了三次家，加起來也沒有十天時間，那可能與爸媽在一起的時間就更少了。很多人總在父母去世後才後悔沒有多孝敬一下他們。所以，有事沒事，記得多回家看看。

2. **跟伴侶的相處時間**：永遠不要以爲你們住在同個屋簷下，睡在同一張床上，就算好好相處了。很多時候，兩人待在一起一天，也沒有給彼此一小時的時間，而是各忙各的工作，各玩各的遊戲，各追各的劇，甚至吃飯時也都是各看各的手機。

最好的愛情是彼此瞭解，共同成長。要經常拿出時間來跟伴侶好好地溝通，聊聊彼此最近的工作、學習、成長，互相鼓勵，這不是浪費時間。良好的感情生活，是對事業有莫大的幫助。

3. **跟孩子的相處時間**：你可以不在孩子的吃喝拉撒上花太多時間，這些可以有爸媽幫忙、保姆替代，但陪孩子成長的時間絕對不能吝嗇。在孩子成長的關鍵時期，陪他玩遊戲，給他講故事，帶他出去旅行，等等。錯過了孩子的成長，一生都無法彌補。

我選出這幾個重要時間的邏輯就是回歸生命本質。從最根本上，我們要先保證生命動能，要對睡覺和吃飯這兩件高頻的事給予足夠的重視。進化是生命的根本規律，所以我們必須不斷學習成長，以保證擁有持續的成長動力。人終究是情感動物，情感上的成功經營，對我們一生的幸福有著關鍵作用，情感上失敗，即使事業再成功都無法彌補。

TIME MANAGEMENT

第二節

選擇很重要

這三件事情，是一生中最浪費時間的

我們這一生會處理無數件事情，時間在這些事情上的分配從來不是平均的。時間管理應遵循「戰略大於戰術」的原則。如果我們在時間經營上掌握了各種最強戰術，但是在事關成敗的戰略上很隨意，那我們再努力也無法改變局面。感情、工作、目標，這三件事是人生的重頭戲，這三件事的戰略失誤，也就成了一生中最大的時間浪費。

一、投入一段不合適的感情

你的另一半，就是你的人生合夥人，你們共同經營「人生」這家公司，你們共度一生中的大部分時間，你們用一生的時間塑造彼此的命運。

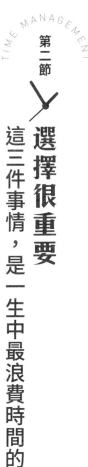

選擇時極度認真，是對彼此的負責。很多人在買衣服時挑得很認真，但在選擇伴侶上卻很隨意。結果就是，一次選擇，終身買單。

做選擇時，不能只看「硬體」：房子、車子、戶口、長相、身高、胖瘦等，更要看「軟體」：性格匹配度、三觀契合度、彼此欣賞度、志趣相投度、認知同頻度等。

永遠不要湊合，尤其是在「軟體」層面。房子、車子沒有可以一起賺來，胖瘦可以改變，顏值可以提高。但是，性格很難改變，三觀很難習慣，志趣很難迎合。很多人的戀愛和婚姻，是在相互抱怨、爭執、冷漠中度過的。

我以前接受採訪時說過，我所有的成就，都至少有一半的功勞是我伴侶的。我大學畢業二十四歲，同年跟她在一起，到三十歲之間的這六七年，包含了我事業的開局和黃金時間的一半。在這段時期裡，我的另一半一直都是我的最佳支持者，從來沒有做過阻礙者。

感情裡或許沒有對錯，但有合適與否，投入一段不合適的感情，是一生中最浪費時間的事。**認真選擇一份感情，你會終身受益。感情在很大程度上影響著幸福感，合適的感情是事業最牢固的基石。**

二、堅持一份不合適的工作

從整個人生上看，大部分人大概工作四十年時間，如果一生有八十年的話，五十％的人生都需要工作。

從一整年來看，一年三百六十五天，五十二週，除了節假日，每週的週一到週五我們都需要工作，有時週末還要加班。一年眞正的假期很少，大多數日子裡我們都在工作。

從一整天來看，一天二十四小時，分爲三個八小時，一個八小時睡覺，一個八小時全部貢獻給工作，剩下的八小時還得拿出一部分爲工作的八小時服務，比如通勤、加班、學習工作技能等。

每個人的大部分時間都用在工作上。不是工作需要我們，而是我們需要工作。工作帶來報酬，滿足我們的基本生存需求；工作帶來社會成就感，滿足我們的精神需求；工作帶來自我價値感，滿足我們的內心需求。

如果你選擇了一份不合適的工作，你的每一天都是浪費。値得反思的是很多人在選擇行業、公司、職位上，都是很隨意的，這是對自己人生的不負責任。更値得反思的是，我們擁有重新選擇的權利，但很多人不去使用。選擇了一份不合適的工作，卻不及時離開，是沒有意義的堅持。

三、在錯誤目標上持續投入

目標，決定你的終點，決定你的任務，決定你的動作，決定你的時間分配。如果你定了一個錯誤的目標，就會導致你的方向錯誤，你的任務和動作就會沒有意義，時間會被大量浪費。可怕的是，我們一生中要完成無數個目標，我們每天都是由目標驅動的。所以每個人都要學會制定合適的目標，並在實踐的過程中不斷地調整目標。

我曾經有過很多錯誤的目標。比如，上大學的時候，我喜歡滑板，交了很多同樣喜歡滑板的朋友，瞭解了國內外滑板文化。我確定我很喜歡，並立志做一名職業滑手。我開始瘋狂地訓練，每天投入的時間甚至達到七八個小時。看影片教程學習，去找場地練習，滑爛了十幾套滑板、幾十雙滑板鞋。最終，我發現這是個錯誤的目標。第一，我不擅長，只是我不願意承認。第二，缺少未來，一般情況下，做滑板選手出路很少，甚至無法靠此賺錢養家。後來，滑板變成我一個簡單的愛好、工作的調味品，想玩的時候玩一下。

我在大學的時候讀了很多書，但目標不正確，當時經常制定一些類似「這週要讀完兩本書，今年要讀完一百本書」的目標。於是，在讀書的過程中，經常是抱著「快速讀完，以完成當天的目標」這樣的心態，並不加以思考、學習，浪費了很多時間。

追求完美，在很多時候是一個錯誤目標。因爲有時候完美是一個陷阱。比如，有人喜歡健身，身材變好後得到了朋友的讚美。慢慢地，他就會追求更多。如果打分的話，他現在的身材可能已經有八十五分了，但他一定要做到九十分、九十二分、九十五分，甚至一百分。於是花費大量的時間和金錢，要讓某一塊肌肉更結實一點，把某一個部位塑形得更好一點。但其實那一點沒有那麼重要，你不是健身運動員，你不是明星，不靠身材吃飯，也不靠這個贏得榮譽和賺錢。在變瘦上也是如此，爲了再完美一點，花費大量的時間並不值得。

該完美的時候要追求完美，不需要完美時及時調整自己的心態，大事小事都是如此。我們每年、每月、每天，都會被目標驅動和引領，我們的時間分配由目標決定。如果一個人不能持續制定合理有效的目標，甚至經常定一些錯誤的目標，那麼就會浪費很多時間。

TIME MANAGEMENT

第三節 重塑時間觀 未來常迎，當時可雜，過往不忘

時間觀是人們對時間概念的科學認識或哲學認識，它跟世界觀、人生觀、價值觀一樣重要。你擁有怎樣的時間觀，就擁有怎樣的人生，人生就是一段時間。跟企業管理、人事管理、專案管理一樣，時間管理也應該是一門管理學科。前面我們講了很多具體的時間管理方法，最後我們回歸本質，講一下時間管理的底層邏輯，這些是你無論使用什麼時間管理方法都要遵循的根本原則，包含六個方面。

一、時間管理的目的是過更好的一生

任何時候，不要忘記自己爲何出發。

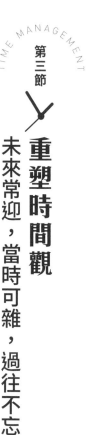

我們是什麼時候發覺要好好學習並進行時間管理的？

當我們覺得每天時間不夠用時；

當我們覺得每天事情做不完時；

當我們覺得每天過得渾渾噩噩時；

當我們覺得再這樣浪費時間不行了時；

當我們感到焦慮、人生迷惘時；

當我們發現很多事一直想做但沒時間做時；

當我們發現我們忙到沒有時間好好吃飯時；

當我們發現我們忙於工作卻忽略了伴侶、親情時。

總結一下就是：當我們對人生狀態不滿意時，我們試圖改變現狀，讓人生擁有更大的可能。因此在實踐時間管理的一些具體方法時，每一次行動，我們都要問自己：我這樣做符合根本宗旨嗎？

有人進行了時間管理後，時間更不夠用了，因爲他計畫了更多的事，把每一天塞得滿滿的，但其實學會創造留白時間，反而會收獲更多。有人做時間管理，更多的是安排工作和事業，留給陪伴家人的時間更少了，可能事業更成功了，但幸福感卻降低了。實踐時間管理，並非塡充的事情越多越好，而是每天有序可控地完成適量的事，張弛有度。在時間分配上，要整體把控，而非只把工作事業做好，還要嘗試經營好愛情、親情、友情，關心自己的愛好，獲得精神上的滿足等。

二、時間管理發揮作用，需要系統配合

時間管理是一個強大的工具，但它不是萬能的。它需要跟你的「人生系統」配合。人是一個複雜系統，沒有兩個人可以擁有同樣的系統。比如我每天都寫作，一週的寫作時間經常超過兩千分鐘。不要一味地模仿我，因爲我們的職業不同，人生目標不同。我用在社交上的時間不多，因爲我的幸福感和人生樂趣，往往不來源於此。

再比如全球知名的企業家伊隆．馬斯克，在相當長的一段時期裡，他可以高效地在不同公司處理不同事務，週一在洛杉磯處理SpaceX（太空探索技術公司）的工作，週二

到週四，他去舊金山的Tesla（特斯拉）上班，週五又回到SpaceX，週六處理OpenAI（開放人工智慧研究中心）的相關工作。他的時間管理精細到以五分鐘爲一個單位，甚至試圖在五分鐘內吃完午餐。他偏好郵件溝通，而非電話和面談，因爲郵件不需要即刻回覆，也不會隨時打斷自己。

是不是很佩服伊隆．馬斯克，但我們需要學習他的做法嗎？不需要，因爲我們大部分人的日程裡，根本沒有那麼多事情需要我們以五分鐘爲單位做時間管理。我們沒有像他一樣，同時管理幾家公司，不需要如此高超的時間管理技巧。

相反，我們很多人的問題是不清楚自己的目標，不知道自己想要什麼，所以忙的時候超級忙，事情不多時，我們可能因爲沒有提前規劃和填充事情，就把時間白白浪費了。

時間管理也跟認知水準有關，如果沒有好的認知，根本不知道自己接下來要做什麼、怎麼做。時間管理也跟事業目標和人生目標相關，目標不同，時間分配必然不同。時間管理這個工具，要跟自己的職業、目標、現狀、認知、欲望、能力、執行等配合好，才能最大化地發揮它的作用。

時間管理一定是有用的。在其他條件不變的情況下，透過持續實踐要事提前占位、執行每日清單、提高做事效率、減少時間浪費等方法，可以把時間產出提高兩三倍，相當於一年抵兩三年。如果你想有更大的成就，其他方面都要讓自己持續提高，這個過程也離不開時間管理的協助。這是一個雞持續生蛋，蛋持續生雞的「無限遊戲」。

三、經營美好人生，需要長遠的時間觀

這裡我們強調的是經營好「人生」，而不是經營好「一天」。我們要時刻注意這兩者的區別，能經營好一天的人，未必能經營好人生。一天太短，一生很長，一個行爲在當下可能是好的，但把時間週期拉長後則未必。比如我剛畢業時沒有積蓄，在兩份工作裡選擇了月薪比較高，而不是更有前途的那份。在當時，這可能是個好選擇，我可以吃得更好一點，住得更好一點，但以三年爲週期看，這或許不是最優選擇。

人生很長，是一場馬拉松，需要長遠的時間觀。我們在做選擇、決策、規劃時，不能只關注眼前的利益，不能只滿足於當下，要考慮長遠發展。每天不讀書學習，一天兩天三天，不會有什麼損失，可能反而讓你把工作做得更好。但從長遠來看，你的進步速度可能比不上那個每天拿出兩小時學習精進的同事。堅持健身，會花費你的時間、金錢，但

從長遠來看，它讓你擁有更好的身材、更健康的身體、更充沛的精力。多花時間在伴侶身上，可能會占據你一部分工作事業或自由娛樂時間，但長遠來看，家庭美滿是事業有成的強大支持。

美好的人生，需要建立長遠的時間觀。

四、規劃要長週期，使用要小顆粒

時間策略上，不爭一天贏，但求全局優。時間利用上，只爭朝夕，不負韶華。任何大的成功，都是一連串小事件的達成，需要較長的時間積累。比如要考一所好大學、實現升職加薪、成爲某個領域的專家、減肥成功、讀一百本經典書、開始創業……這些都需要做長週期的規劃，需要合理設定目標的能力、拆解目標的能力、評估任務難度的能力、清晰的自我認知……但時間利用上，我們要小顆粒，只爭朝夕。

清末思想家魏源曾說過：「志士惜年，賢人惜日，聖人惜時。」志士以年爲單位要求自己，賢人以天爲單位要求自己，聖人則珍惜每時每刻。有些人的時間顆粒度是天，有些人的是小時，有些人的是分鐘。時間不停地流逝，我們要珍惜時間，不浪費時間，想辦法節省時間，提高時間利用率。所以在時間管理上，我們既要有長週期的格局，也要有小顆粒的自律。

五、時間永遠不夠用，事情永遠做不完

曾經我們以爲科技可以減少每天的工作時間，提高速度和效率，爲我們省下大量的時間，但爲什麼我們反而越來越忙了？不要問是否可以不那麼忙，要問哪些事情可以不做。不是事情需要我們去做，而是我們需要做事來實現生命的價值。節省時間的目的，並不是把省下的時間浪費掉，而是做更多有價值的事。

關於時間，人們經常說兩點：

第一，等我以後有時間了，我一定去做⋯⋯。

第二，等我忙完這段時間，就可以⋯⋯。

關於第一點，現實眞相是你現在沒時間做，以後也沒有時間做，因爲時間永遠不夠

用。你說這兩年沒時間管孩子，所以先不生，其實你再過兩年可能還是沒時間。但如果你生了，就會有時間管，因爲時間自然被它擠占。所以，眞正做好時間管理的人，會在腦子裡剔除一句話：「我現在沒時間做，以後有時間了再去做。」你要轉換成這樣一句：「這件事我只是沒規劃現在做，我規劃在清單裡的某一天了。」時間管理並不能眞正解決「時間不夠用」這個問題，它解決的是「時間用在哪兒」的問題，核心解決的是如何把重要不緊急的事持續占位並執行，從而成更大的事。

關於第二點，現實眞相是你永遠「忙不完這段時間」。這段時間是永恆的當下，事情紛至沓來一刻不停，你忙完這一堆事，馬上開始忙下一堆事，這一生有做不完的事。時間管理並不能眞正解決「做完事情」這個問題。我們追求的是，制訂合理適量的計畫，有序可控地執行。

六、重新理解未來、現在和過去

未來、現在、過去，是每個人常用的一種時間分法。大家習慣如下思考：

未來我要成爲一個什麼樣的人，未來我想達成怎樣的人生目標；

現在我是一種什麼狀態，現在我在做什麼；

過去我是一個什麼樣的人，我做到了什麼，沒做到什麼。

好像時間可以明確地劃分爲這三個部分。但是，何爲未來？是明年嗎？是明天嗎？如果未來指的是下一秒，那你還未說出口，它已成爲現在。從時間的流逝來看，未來一刻不停地變成現在，現在一刻不停地變成過去。

從人生經營的角度來看，未來早已來，過去從未過。

曾國藩在《曾胡治兵語錄》裡說：「未來不迎，當時不雜，既過不戀。」未來將要發生的事情，不用過分地迎合；當下正在做的事情不能讓它雜亂，需要做什麼事情就必須專心做；當這件事情過去了，就別再留戀它。

從時間管理的角度，我提出一個相反的建議：「未來常迎，當時可雜，過往不忘。」

未來將要發生的事情，要經常思考一下，不斷規劃未來重要不緊急的事，然後拆解至知道現在應該著手做什麼，才能擁有更好的未來。

當下正在做的事情，可以接受一定程度的雜亂，因爲沒有完美的規劃和執行。變化是永恆的，要在變化中不斷調整規劃，做當下的事情時要不斷暢想未來，因爲當下做的每一件事，都是在創造未來。

當一件事過去了，不要忘記它，它已經或者正在塑造現在的你。過去不會眞正的過去，歷史學才是眞正的未來學，我們要從過去的經歷中不斷復盤、反思、總結，最終精進自己，重建自己，創造更好的現在和未來。

時間不可逆，過去不可更改。過去的一切塑造了今天的我們，但自我可以重建。我們要知道未來想要成爲怎樣的人，然後從今天開始重塑自己。我們要知道未來想抵達何方，從這一刻就出發，不要等，當下卽未來。

WIN035

最高效益的時間管理：用目標管理時間，打造爆發性成長的一年！

作　者—粥左羅
主　編—尹蘊雯
責任編輯—王瓊苹
責任企劃—吳美瑤
封面設計—Ancy pi
排　版—李宜芝
副總編—邱憶伶
董事長—趙政岷
出版者—時報文化出版企業股份有限公司
一〇八〇一九臺北市和平西路三段二四〇號三樓
發行專線—（〇二）二三〇六六八四二
讀者服務專線—〇八〇〇二三一七〇五・（〇二）二三〇四七一〇三
讀者服務傳真—（〇二）二三〇四六八五八
郵撥—一九三四四七二四　時報文化出版公司
信箱—一〇八九九臺北華江橋郵局第九九信箱
時報悅讀網—http://www.readingtimes.com.tw
電子郵件信箱—newlife@readingtimes.com.tw
時報出版愛讀者—http://www.facebook.com/readingtimes.2
法律顧問—理律法律事務所　陳長文律師、李念祖律師
印　刷—勁達印刷有限公司
初版一刷—二〇二四年一月十二日
初版四刷—二〇二四年六月二十五日
定　價—新臺幣三八〇元
（缺頁或破損的書，請寄回更換）

時報文化出版公司成立於一九七五年，
並於一九九九年股票上櫃公開發行，於二〇〇八年脫離中時集團非屬旺中，
以「尊重智慧與創意的文化事業」為信念。

最高效益的時間管理：用目標管理時間，打造爆發性成長的一年！/ 粥左羅著. -- 初版. -- 臺北市：時報文化出版企業股份有限公司，2024.01
320　面；14.8*21　公分

ISBN 978-626-374-769-2(平裝)

1.CST: 時間管理 2.CST: 目標管理 3.CST: 工作效率

494.01　　112021318

ISBN 978-626-374-769-2
Printed in Taiwan